城市地下管线安全管理丛书

地下管线核验测量与竣工测量技术

中国测绘学会地下管线专业委员会　组织编写

中国建筑工业出版社

图书在版编目（CIP）数据

地下管线核验测量与竣工测量技术／中国测绘学会
地下管线专业委员会组织编写. — 北京：中国建筑工业
出版社，2022.9
（城市地下管线安全管理丛书）
ISBN 978-7-112-27789-6

Ⅰ．①地… Ⅱ．①中… Ⅲ．①地下管道－检测 Ⅳ．
①TU990.3

中国版本图书馆 CIP 数据核字（2022）第 157005 号

本书主要内容是对《地下管线核验测量与竣工测量技术规程》T/CAS 427—2020 有关
技术规定的依据、来源、合理性等进行解释和说明，重点介绍地下管线施工覆土前跟踪测
量的方法、流程、要求及案例，供使用者参考。

责任编辑：高　悦　范业庶
责任校对：李辰馨

城市地下管线安全管理丛书
地下管线核验测量与竣工测量技术
中国测绘学会地下管线专业委员会　组织编写
＊
中国建筑工业出版社出版、发行（北京海淀三里河路 9 号）
各地新华书店、建筑书店经销
北京红光制版公司制版
北京云浩印刷有限责任公司印刷
＊
开本：787 毫米×1092 毫米　1/16　印张：5　字数：120 千字
2022 年 11 月第一版　　2022 年 11 月第一次印刷
定价：50.00 元
ISBN 978-7-112-27789-6
（39985）

前　言

　　《地下管线核验测量与竣工测量技术规程》T/CAS 427—2020（以下简称《规程》）已由中国标准化协会批准发布，自 2020 年 9 月 15 日起实施。为了配合《规程》的实施，便于广大地下管线竣工测量、管理和相关设计、施工、科研等单位有关人员在使用《规程》时能正确理解和执行条文规定，推动我国地下管线竣工测量技术发展，促进地下管线施工覆土前跟踪测量工作开展，中国测绘学会地下管线专业委员会组织开展《规程》的宣贯培训，并组织《规程》编写组部分成员和国内有关专家、技术人员编写了本书。本书主要内容是对《规程》有关技术规定的依据、来源、合理性等进行解释和说明，重点介绍地下管线施工覆土前跟踪测量的方法、流程、要求及案例，供使用者参考。地下管线探查与测量的基础知识可参阅其他技术标准和教材。在使用中如发现有不妥之处，请提出意见或建议，并寄送合肥市地下管网建设管理办公室（安徽省合肥市阜南路 51 号友谊大厦），以便进一步完善。

　　本书起草单位：合肥市地下管网建设管理办公室、合肥市测绘设计研究院、北京市测绘设计研究院、中国测绘学会地下管线专业委员会、昆明市城市地下空间规划管理办公室、沈阳市勘察测绘研究院有限公司、华东冶金地质勘查局测绘总队、北京瀚博林遥感测图信息工程研究院、大庆市汇通建筑安装工程有限公司、福州市勘测院有限公司、温州华夏测绘信息有限公司、合肥市市政工程协会地下管线分会、广州迪升探测工程技术有限公司。

　　本书起草人：李彬、黄北新、贾光军、刘会忠、罗振丽、许晋、侯志群、李照永、王野、夏月晖、梁长秀、范磊、林辉、连光辉、朱博、王宣强、孙蕾、应晓路、宋超、王振亚、黄进超。

中国测绘学会地下管线专业委员会

教材编写组

目　　录

1 概　　述

1.1　地下管线的作用与发展

城市地下管线是指城市供水、排水、燃气、热力、电力、通信、广播电视、工业等管线及其附属设施，是城市基础设施的重要组成部分，是现代化城市高速、高效运转的基本保证，被称为城市的"生命线"。

近年来，随着我国城镇化的快速推进，城市地下管线的数量越来越多，城市地下管线每年以5％以上速度增长。据《2018年中国城市建设统计年鉴》（住房和城乡建设部　编，中国统计出版社），截至2017年底，城市供水、供气、供热、排水管道234.5万公里（1公里＝1000m），其中1990年以前建成投入运营的管网18.2万公里，2000年约53万公里，2010年约135.7万公里，2013年约185万公里，是2000年管线总长的4倍多。1990-2017年四类地下管线长度见图1-1。

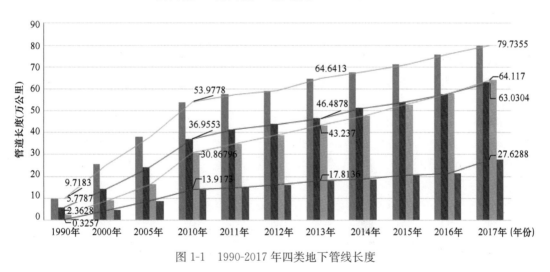

图 1-1　1990-2017 年四类地下管线长度

1.2　地下管线普查与更新情况

由于历史原因，城市建设存在"重地上，轻地下""重施工建设，轻资料管理"等问题，地下管线数量不清和管理水平不高等问题日益凸显，大雨内涝、管线泄漏爆炸、施工挖断管线、道路反复开挖等事件屡见不鲜，使城市运行体系频受重创，给人们的生活和生命财产安全带来严重影响。据中国城市规划协会地下管线专业委员会《中国地下管线事故分析报告》，2019年10月-2020年9月，全国地下管线事故1008起，平均每天就有2.7起，其中地下管线破坏事故737起。事故共造成105人死亡，234人受伤。

党中央和国务院高度重视城市地下管线安全问题，2014年国务院办公厅《关于加强城市地下管线建设管理的指导意见》国办发〔2014〕27号文件中要求"开展城市地下管线普查，建立综合管理信息系统"；2014年住房和城乡建设部、工业和信息化部、国家新闻出版广电总局、国家安全生产监督管理总局、国家能源局联合发布《关于开展城市地下管线普查工作》建城〔2014〕179号的通知，要求"全面查清城市范围内的地下管线现状，获取准确的管线数据，掌握地下管线的基础信息情况和存在的事故隐患，明确管线责任单位，限期消除事故隐患。各城市在普查的基础上，整合各行业和权属单位的管线信息数据，建立综合管理信息系统；各管线行业主管部门和权属单位建立完善专业管线信息系统"。从2014年开始，全国各地城市积极开展地下管线普查工作，至2016年底，全国各地大部分城市基本完成了地下管线普查工作，并建立了基于普查结果的地下管线信息综合管理平台。

地下管线竣工测量是实现地下管线动态更新、保障地下管线数据现势性的重要工作。大规模的地下管线普查工作结束后，各城市相继开展地下管线竣工测量、建立数据动态更新长效管理机制。目前，地下管线数据更新主要有以下三种模式：一是采用定期更新或补测补绘方式进行动态更新，地下管线动态更新列入城市基础测绘，费用纳入政府预算，委托相关测绘单位进行管线更新测绘，定期提供管线竣工测量数据；二是按区域道路网格化管理的思路，采用专人、专区域，通过巡视，发现地下管线变化情况，进行管线补测，实现管线数据动态更新；三是覆土前跟踪测量，实现地下管线数据的实时更新入库，这种更新测量方式显著提高了地下管线测量精度，例如合肥市创新实行竣工测量"两管控一服务"，并将管线测量费纳入主体工程投资的工作机制（"前端管控"即地下管线工程开工前需签订《竣工测量合同》，"后端管控"即地下管线工程竣工测量资料验收意见作为《建设工程档案合格证》核发要件，"一服务"即建立竣工测量单位定点库供建设单位抽取使用）。同时，通过施工审批、工程档案验收、市政设施绩效考核、建立定点单位库、落实测量费用、加强信用管理、定期汇交数据等一系列举措，并实施管线信息日跟踪、周更新管理，保证了地下管线数据库的现势性。

但是全国大部分城市地下管线竣工测量执行效果并不理想，甚至有的城市未及时进行地下管线竣工测量、无法更新地下管线信息资料，导致花费巨额资金完成的地下管线普查数据信息无法正常更新，普查成果在短短三五年内就失去了使用价值。

1.3 编制意义与历程

城市地下管线规划建设过程中涉及地下管线规划核验测量和竣工测量，规划核验测量成果需满足规划管理的需要，竣工测量成果需满足地下管线数据库更新的要求。目前，现行《城市地下管线探测技术规程》CJJ 61是国内地下管线测量方面使用较多的技术标准，但该规程常用于地下管线探测普查方面，尚无针对地下管线规划核实测量和竣工测量的技术标准，因此，编制《地下管线核验测量与竣工测量技术规程》T/CAS 427—2020，对于统一城市地下管线核验测量与竣工测量技术要求、规范和指导城市地下管线核验测量与竣工测量工作，促进地下管线竣工测量采用施工覆土前跟踪测量的方法，保障竣工测量成果质量工作具有十分重要的意义。

2019 年 1 月，合肥市地下管网建设管理办公室向中国城市规划协会地下管线专业委员会申请《规程》编制项目立项，2019 年 5 月，中国标准化协会批准立项。由合肥市地下管网建设管理办公室牵头，来自有关地下管线测绘单位、地下管线权属单位、地下管线管理机构和高校的 36 家单位专业技术人员组成的编写组，按照《团体标准的结构和编写指南》T/CAS 1.1—2017 的要求，经过调研、总结国内地下管线核验测量与竣工测量技术经验，历经一年半时间完成了编写任务。2020 年 7 月 31 日，中国标准化协会第 179 号文件批准发布该《规程》，编号为 T/CAS 427—2020，自 2020 年 9 月 15 日起实施。

1.4　主要内容与特点

《规程》依据《团体标准的结构和编写指南》T/CAS 1.1—2017 的有关要求编写。主要章节内容有：范围、规范性引用文件、术语和定义、基本规定、地下管线点测量、地下管线核验测量、地下管线竣工测量、综合管廊竣工测量、数据处理、成果质量检查、成果提交和附录。

《规程》结合地下管线施工覆土前跟踪测量工作实际，内容全面、实用性强、技术先进，具有以下特点：

（1）规定了地下管线核验测量与竣工测量在施工覆土前跟踪测量的技术要求。因覆土后地下管线探查精度较低，为保证地下管线测量成果的准确性，《规程》始终强调必须在覆土前进行跟踪测量，对覆土前跟踪测量的精度指标、测量方法、成果样式等进行规定，具有较好的指导意义。

（2）贯彻地下管线核验测量与竣工测量"二测合一"的理念，实现"同一标的物只测一次"。核验测量和竣工测量目的不同、测量时序不同，测量的管线点具有重叠可重复使用的特点。《规程》规定：统筹制定技术方案、分步实施；同一管线点等地物点如涉及规划核验和竣工入库不同用途需要多次测量时，应按最高精度测量一次，满足分别编制规划核验测量成果报告和竣工测量成果报告的要求。后一阶段应充分利用前一阶段的测量成果，实现统一测量、成果共享，避免重复测绘。

（3）测量精度指标合理。根据地下管线覆土前竣工测量的特点，结合地下管线成果应用单位的使用需求以及当前测绘技术发展情况，对测量精度进行了规定，实用性强。管线点测量精度：地下管线核验测量与竣工测量，覆土前能够直接测量地下管线顶（底）高程的管线点，平面位置测量中误差应不大于 50mm、高程测量中误差应不大于 50mm。明显管线点埋深量测精度可依据埋深量测次数确定，明显管线点的埋深量测可采取一次或分段量测，分段测量次数应不大于 3。

（4）规定了地下综合管廊测量技术要求。目前，很多城市都在开展地下管廊建设，结合福州、合肥等城市地下综合管廊测量情况，对综合管廊及入廊管线的竣工测绘的内容、方法和要求等进行了规定。

（5）规定了非开挖管线竣工测量技术要求。随着技术发展，非开挖技术广泛应用于城市地下管线施工。《规程》对非开挖管线竣工测量的方法进行了规定，对惯性定位仪应用于非开挖管线竣工测量的技术要求作了相应的规定，有利于促进新技术、新设备在地下管线竣工测量中的应用，推动行业科技进步。

2 基 本 要 求

2.1 核验测量与竣工测量内容及特点

地下管线核验测量目的是为规划管理提供成果资料，测量对象为各类新建地下管线，测量内容包括控制测量、管线点测量、核验测量报告编制、成果质量检查和成果提交工作；地下管线竣工测量目的是实现地下管线数据库更新，测量内容包括控制测量、地下管线点测量、地下管线数据处理与生成入库数据文件、竣工测量报告编制、成果质量检查和成果提交工作。核验测量与竣工测量具有以下特点：

（1）实时性。在覆土前跟踪测量地下管线点的特征点的空间位置并调查确定其属性信息。

（2）工期长。依据施工进度跟踪测量，在道路（地面）工程竣工后补测相关地下管线地面高程、埋深、附属物等信息。

（3）成果共享。核验测量与竣工测量"二测合一"，同一标的物（管线点、有关地形地物点）只测一次，可分别用于编制规划核实测量报告和竣工测量报告，避免重复测量。

（4）精度高。核验测量与竣工测量，采用地下管线施工覆土前跟踪测量，管线点测量精度高。

（5）管线数据库实时更新。竣工测量目的明确，管线数据及时入库，实现地下管线数据库动态更新。

2.2 技术准备

地下管线核验测量与竣工测量准备工作主要内容有：资料收集、作业方案制定和仪器设备准备等。

2.2.1 资料收集

地下管线核验测量与竣工测量收集的资料有：地下管线设计图纸、施工单位信息、施工进度计划、测量控制点、地形图等资料，特别要收集地下管线设计施工变更的信息。要对作业区域现场踏勘，核查控制点位是否存在、点位有否变动、地形图是否变化等，对收集的资料进行分析检查，核实资料的完整性，确定资料的可利用程度。

2.2.2 制定作业方案

根据项目特点制定技术方案，技术方案须统筹考虑核验测量和竣工测量各阶段的测绘内容和技术质量要求，竣工测量应充分利用上一阶段核验测量成果，实现成果共享，避免重复测绘；核验测量和竣工测量涉及的管线点、地形地物因核验或竣工的需要多次测绘的，应按最高精度测绘一次，以便成果共享，避免重复测绘或产生多套数据成果。分别提交核验测绘报告和竣工测量报告。技术方案可根据项目具体情况适当简化。

为保证在地下管线覆土前进行竣工测绘，作业方案中应明确跟踪地下管线施工进度的方式方法，与施工单位保持密切联系，掌握施工覆土时间，确保在覆土前测量地下管线的坐标和高程。

2.2.3 仪器设备准备

根据项目工作内容准备相关仪器设备和生产软件。全站仪、水准仪和 GNSS 接收机应在有效的鉴定期内；外业测量记录软件、内业数据处理软件应有鉴定证书或本单位测试合格证明文件。

2.3 管线点测量精度

2.3.1 管线点平面坐标测量精度

参照现行《城市地下管线探测技术规程》CJJ 61 的规定，《规程》规定管线点平面位置测量中误差应不大于 50mm。管线点位中误差是指裸露的管线中心点和检修井盖中心等测点相对于邻近解析控制点，对于地下管线规划核验测量和覆土前竣工测量，一般均是明显点，能直接测量其点位坐标。管线点的坐标大多采用全站仪极坐标法施测或采用 GNSS RTK 方法测量，一般均能达到 50mm 的精度要求。

2.3.2 管线点高程测量精度

《规程》规定，地下管线核验测量与竣工测量覆土前能够直接测量地下管线顶（底）高程的管线点高程测量中误差应不大于 50mm。主要依据是：

（1）根据对供水、通信、电力、燃气、排水等各类地下管线探测成果应用的调查分析，管线点高程测量粗差和错漏危害远大于管线点的高程测量精度，管线的平面位置精度要比高程精度更重要，50mm 高程中误差对地下管线竣工测量成果的实际应用影响不大。

（2）能够显著提高测绘生产效率。目前我国大部分城市建立了卫星定位连续运行参考站系统（CORS），GNSS RTK 测量高程的方法已广泛应用于测绘生产，GNSS RTK 高程测量精度一般能够达到 50mm 中误差要求而不能保证达到 30mm 中误差要求，如果规定中误差不大于 30mm，则 GNSS RTK 测量方法基本不能应用于覆土前跟踪测量，在施工环境复杂、覆土时间紧的条件下采用传统的测量方法将严重影响竣工测量工作效率。

（3）目前全国大部分城市均已完成地下管线普查并建立数据库，地下管线覆土前竣工测量成果主要是用于更新和补充地下管线数据库（非直接用于工程设计或施工开挖，工程设计需要另行对建设区域进行详细探测），50mm 精度完全满足地下管线数据库的动态更新要求。

（4）覆土前跟踪测量的管线点高程要比覆土后探测的管线点精度高。对管线点探测来说，管线点高程误差由物探和测量两部分误差组成，埋深的物探中误差（0.075h）占主要误差，测量误差仅占很小部分；《规程》针对的是核验测量与竣工测量覆土前能够直接测量地下管线顶（底）高程的管线点高程精度要求，高程精度远高于物探方法测得的高程精度。

（5）目前一些省市地方标准对管线点高程测量精度做了规定：上海市工程建设规范《地下管线测绘规范》DG/TJ 08-85—2010 第 3.4.1 条、湖北省地方标准《湖北省城镇地下管线探测技术规程》DB 42/T 875—2019 第 4.8 条、安徽省地方标准《地下管线竣工测绘技术规程》DB34/T 3325—2019 第 3.2.5 条均规定高程测量中误差不应大于 50mm。合肥市燃气集团企业标准也规定管线点高程测量中误差不应大于 50mm。

综上所述，为使《规程》更具有实用性、可操作性和先进性，发布后能够促进地下管线覆土前跟踪测量的开展，提高竣工测量精度，实现地下管线数据动态更新，推进地下管线事业更好更快的发展，《规程》对覆土前跟踪测量的管线点高程精度规定为 50mm。

2.3.3　明显管线点的埋深量测精度

《规程》对明显管线点的埋深量测精度规定见表 2-1。

明显管线点的埋深量测精度规定　　　　　　　　　表 2-1

埋深（m）	量测方式	中误差（mm）	适用条件
<5	一次直接量测	≤25	在地面能观察到管顶（底）且用钢尺能一次量测
	分段量测累加	≤25$\sqrt{n}$	虽在地面能观察到管线出露，但无法从地面直接量测，如通信人孔等大型窨井
≥5	一次或分段量测	≤50	大口径深埋排水管道、电力隧道等
说明		n 为边数，$n≤3$	

这样规定主要理由是：明显管线点的埋深一般在地面竣工后测量。明显管线点的埋深量测按量测方式和管线埋深的不同分为三类：对于埋深小于 5m 的明显管线点，或者一些明显出露的管线，即地面能直接观察到管顶或管底，且使用钢卷尺或量杆能一次直接量测的，量测中误差按 25mm 的精度要求；对于需要两次或两次以上分段量取埋深求其和（电信、电力人孔这类井往往需要量取井脖高和管线套管顶到井内顶这两部分之和），由于误差的传递，故此中误差取 $25\sqrt{n}$mm，n 应不大于 3；而对于埋深超过 5m 的超深管线，如排水检修井，通常情况下从地表很难看清井中各管道的分布情况，且一般的量具多为镀锌管连接而成，刚性差，只能凭感觉确认量具是否接触到管底，特别是一些大规格深埋管线窨井，由于检修井的特殊结构，通常采用绳索坠重物（如量杆、锤子等）进行量测，因此，此类明显管线点埋深量测限差放宽至 100mm，即中误差精度 50mm。

在市政工程中，重力自流管道对高程的要求较高。当自流管道的设计坡度为 0.05% 时，每千米的设计高差为 0.5m。根据《城市测量规范》CJJ/T 8—2011 的要求，中平测量按图根水准的精度施测。因此，对自流管道，需要对测量的管线点高程进行检查，对高程异常的点或形成反坡的管线点高程，应进行重测或提高测量精度。

3 控制测量与管线点测量

3.1 控制测量

3.1.1 测量基准

地下管线核验测量与竣工测量应采用 2000 国家大地坐标系和 1985 国家高程基准。2008 年 6 月 18 日，国家测绘局发布公告，要求自 2008 年 7 月 1 日起启用 2000 国家大地坐标系（简称 CGCS2000），2000 国家大地坐标系与现行国家大地坐标系转换、衔接的过渡期为 8～10 年，现有地理信息系统，在过渡期内应逐步转换到 2000 国家大地坐标系。2008 年 7 月 1 日后新建设的地理信息系统应采用 2000 国家大地坐标系。2017 年国土资源部（现自然资源部）印发《国土资源部国家测绘地理信息局关于加快使用 2000 国家大地坐标系的通知》（国土资发〔2017〕30 号）文件，要求自 2018 年 7 月 1 日起全面使用 2000 国家大地坐标系。目前全国大部分城市已采用 2000 国家大地坐标系，仅有个别城市的地下管线坐标系统由于历史原因仍然采用 1954 年北京坐标系或 1980 西安坐标系，但均已采取措施建立其与 2000 国家大地坐标系之间的转换关系，同时也转换形成一套 2000 国家大地坐标系的成果。

地下管线竣工测绘应采用 1985 国家高程基准。目前全国大部分城市已采用 1985 国家高程基准，仅有个别城市的高程系统由于历史原因仍然采用地方高程系（如吴淞高程系），但都已采取措施建立地方高程系与 1985 国家高程基准之间的转换关系，同时也将原地下管线成果资料转换为 1985 国家高程基准的成果。

3.1.2 控制网点布设原则

地下管线核验测量与竣工测量前应收集并利用城市已有等级控制点，保障测量控制点共享和质量。我国各城市均布设有正规的、质量可靠的城市二、三、四等控制网或建立了卫星定位连续运行参考站系统，有的还施测了城市一、二级导线，这些控制成果一般都可利用，但在利用前应对已有成果进行评估和分析，并在分析的基础上，对薄弱部分进行实地检测。当控制点密度不够需要布设等级控制点时，可采用现行《城市测量规范》CJJ/T 8 规定的方法进行加密。

控制测量遵循"从整体到局部、从高级到低级、分级布设"的原则。随着卫星定位技术的发展，城市平面控制网的布设无需逐级控制。目前各省市大多建立了卫星定位连续运行参考站系统（CORS），利用 CORS 布设平面控制网时，应考虑与城市基础控制的衔接，尽量选用与城市基础控制网相一致的 CORS 进行控制测量。

3.1.3 平面控制测量方法

地下管线核验测量与竣工测量的平面控制测量方法有 CORS 法、GNSS RTK 法、导线法等，各种测量方法均应符合现行《城市测量规范》CJJ/T 8 的要求。如果采用导线法，应布设为附合导线或导线网；闭合导线应加强起始点成果检查或实地检核；对于图根支导线，多年的实践表明，边长仅单向观测易产生粗差，且不易被发现，支导线边长应往返测量。由于地下管线施工现场干扰且道路施工周期长，控制点应埋设固定标识，以便保持和使用。

利用测区内已有的控制点，应加强对其检查，校核控制点间的角度和边长。因目前城市道路上可能有多个不同时期、不同测绘单位测量的控制点，容易混淆，要对其稳定性、可靠性等进行现场检核分析，避免用错点，造成测量成果错误。控制点校核限差参考《城市测量规范》CJJ/T 8—2011 第 9.2.7 的规定，详见表 3-1。

<table>
<tr><td colspan="4" align="right">控制点校核限差　　　　　　　　　　　　　　表 3-1</td></tr>
<tr><td>检测角与条件角较差
(″)</td><td>实测边长与条件边
长较差的相对误差</td><td>实测坐标与条件坐标的
点位较差（mm）</td><td>高差较差
（mm）</td></tr>
<tr><td>±30</td><td>≤1/4000</td><td>±50</td><td>±20$\sqrt{n}$</td></tr>
</table>

注：1. n 为测站数；

2. 边长小于 50m 时，实测边长与条件边长较差应在 ±20mm 之内。

采用 GNSS RTK 方法测量的图根平面控制点应现场进行边长和角度检核，其检核较差参考《卫星定位城市测量技术标准》CJJ/T 73—2019 第 6.2.7 的规定，详见表 3-2。

<table>
<tr><td colspan="5" align="center">RTK 图根平面控制点检核测量技术要求　　　　　　　　表 3-2</td></tr>
<tr><td colspan="2">边长校核</td><td colspan="2">角度校核</td><td>坐标校核</td></tr>
<tr><td>测距中误差
（mm）</td><td>边长较差的
相对误差</td><td>测角中误差
(″)</td><td>角度较差限差
(″)</td><td>坐标较差
（mm）</td></tr>
<tr><td>±20</td><td>1/2500</td><td>±20</td><td>±60</td><td>±50</td></tr>
</table>

3.1.4 高程控制测量方法

高程控制测量方法有水准测量法、GNSS RTK 测量法、三角高程测量法等，各种测量方法均应符合现行《城市测量规范》CJJ/T 8 的要求。如果采用水准测量法，水准路线应布设为附合路线或水准网；如布设为闭合水准或支水准，则要加强起算点成果的内业检查和实地检核，支水准线路还应有多余观测。附合或闭合线路可采用简易平差方法计算，平差计算应绘制水准线路略图。

随着卫星定位技术的普遍应用，很多城市建立了卫星定位连续运行参考站系统，并进行了似大地水准面精化工作，为卫星定位高程测量替代低等级水准测量奠定了基础。地下管线竣工测量时，采用卫星定位测量方法测量高程，可以极大地提高工作效率。卫星定位高程控制测量的技术要求详见现行《卫星定位城市测量技术标准》CJJ/T 73 的规定。

GNSS RTK 法测量的图根高程控制点应采用 GNSS RTK 法重复检测控制点高程或水准测量方法检测控制点间高差，检核较差校核限差参考现行《城市测量规范》CJJ/T 8 第9.2.7 条的规定，见表 3-3。

GNSS 图根高程控制点检核要求　　　　　　　　　　　　　　　　　　表 3-3

高差较差（mm）	高程较差（mm）
$\pm 20\sqrt{L}$	± 30

注：L 为水准检测线路长度，以 km 为单位。小于 0.5km 时，按 0.5km 计。

3.2　管线点测量

3.2.1　管线点设置

布设地下管线测点是地下管线核验测量与竣工测量的基本工作，其目的是能够使竣工测量结果准确反映地下管线位置和走向，管线点的设置应尽量置于管线的特征点，这样有利于控制管线点的敷设状况，特征点包括：交叉点、分支点、转折点、起止点、变深点、变径点、变材点以及管线附属设施的中心点等，如果管线的坡度或直径是渐变的，则可将特征点设置在变化最大的地方或变化段的中点，可以结合施工图和施工进度及时确定。为保证新旧管线衔接接边，一般应对接边处的原管线重新测量并适当外延。

因地下管线竣工后的隐蔽性，即使管线点的测量精度较高，但如果管线的特征点对管线走向控制不够，也是无法准确地反映地下管线竣工测量的成果质量的。如果走向较稳定的管线段上没有特征点，则也应按一定间距设置管线特征点，当圆弧较大时，应加设测点，以便真实反映其特征，直线段的点间距离一般不大于图上 150mm，圆弧段的点间距离一般不大于图上 15mm。

3.2.2　管线点位置测量方法

地下管线点空间位置测量包括平面坐标测量和高程测量。

解析法是地下管线点平面坐标测量的基本方法，主要有导线串测法、极坐标法和GNSS RTK 法。用串测法测量管线点平面位置时，管线点可视为导线点，最弱点位中误差满足管线点测定精度要求。用极坐标法测量管线点位置时，可同时测定管线点的平面坐标与高程，为保证 50mm 的测量精度和避免出现粗差，宜观测一测回，并注意观测照准和读数的误差问题，测距长度不宜超过 150m，同时注意仪器高和觇牌高量测和输入的准确性。用 GNSS RTK 法测量时，因 RTK 测量的精度受卫星状况、大气状况、通信质量、基准站和流动站点位环境情况等多种因素影响，且测定的点位相互独立，粗差检测比较困难，因此 RTK 测量应严格遵循操作规程作业，独立测量 2 次，加强多余观测检核，降低粗差发生的概率。

水准测量法、三角高程测量法和 GNSS RTK 法作为地下管线点高程测量的基本方法，可据实际选用。采用全站仪联测管线点时，可同时测定管线点的平面坐标和高程，应注意仪器高和觇牌高量测和输入的准确性。采用 GNSS RTK 法测量管线点高程时应按已确定的区域高程异常模型或当地大地水准面精化成果进行计算，提高高程测量精度。

3.2.3 管线点测量注意事项

《规程》对极坐标法和 GNSS RTK 法测量操作进行规定。测量作业要严格按照《规程》操作，提高测量精度，避免出现粗差。测量前检查仪器的电源及设备完好性。RTK 观测前及观测后应在已知点上进行平面与高程检核，检核较差应符合《规程》的要求。测量时流动站标杆必须严格垂直对中。测回观测历元数应符合《规程》的要求。RTK 测量结果应是固定解。

3.2.4 管线点属性确定

地下管线核验测量与竣工测量时需要调查确定地下管线及附属物的属性信息内容。管线属性调查一般在管线点坐标测量的同时进行，可利用管线设计施工图纸现场核实确定，调查应根据施工进度在实地进行，调查情况要现场记录，特别要注意施工时的变更情况，变更信息应及时予以记录。

4 地下管线核验测量

4.1 核验测量目的

《中华人民共和国城乡规划法》"第四十五条 县级以上地方人民政府城乡规划主管部门按照国务院规定对建设工程是否符合规划条件予以核实。未经核实或者经核实不符合规划条件的，建设单位不得组织竣工验收"。规划核实由测绘单位提供地下管线建设工程竣工测绘报告，规划管理人员利用竣工测绘报告等资料，对地下管线建设工程是否符合规划审批条件或规划技术指标进行判定，属规划管理业务范围。

为加强和规范地下管线建设工程规划批后管理，确保地下管线建设工程按照规划条件和批准的建设工程设计方案等规划要求进行建设活动，及时为纠正违反《中华人民共和国城乡规划法》、地方相应的规划条例及办法的行为提供数据资料，需要进行地下管线规划监督测量。根据现行《城市测量规范》CJJ/T 8 的定义，规划监督测量包括开工前的放线测量（或灰线验线测量）、基础施工完毕的±0.000 层验线测量、竣工后的验收测量。在不同的城市，因规划管理方法的不同，其涉及的测量内容可能有所不同。部分城市地下管线建设工程的放线由施工单位承担，测绘单位受城市规划行政主管部门委托代办灰线验线；部分城市建设工程的放线由测绘单位承担，但不再进行灰线验线。依据《中华人民共和国城乡规划法》，规划核实测量是必不可少的。《规程》核验测量即指为地下管线规划核实提供地下管线竣工测量报告的工作，也称规划核实测量或规划验收测量。

4.2 核验测量内容与方法

4.2.1 规划核验测量内容

地下管线规划定位条件值是指确定地下管线空间规划位置的坐标、距离、高程（高差）及其属性信息的总称，亦称为规划定位数据资料。地下管线核验测量的内容是与规划定位条件有关的地下管线及其附属物的平面坐标、高程、断面尺寸以及调查确定管材等属性信息，并将测量结果与规划审批的条件进行比对。

4.2.2 规划核验测量方法

目前规划核验测量有两种方法，一种是在工程竣工后采用探查测量的方法测量地下管线，由于是覆土后探查测量，所以探测管线的精度较低；另一种是在地下管线施工开挖覆土前或非开挖管线使用前，根据地下管线规划定位条件值进行跟踪测量，测量地下管线点平面坐标和高程，由于未完全竣工，可能一些规划条件，如埋深和地面高程需要在竣工后补测，测绘单位提交规划核验测量成果。因为跟踪测量能够直接测量管线点的平面坐标和高程，测量精度相对较高。

4.2.3 核验测量报告编制

核验测量报告的编制与提交，可依据项目特点及要求，结合委托方工作要求分为单次核验测量报告编制与提交、工程项目核验测量报告编制与提交。单次核验测量报告编制与提交，是指在核验测量过程中，以单一管线核验测量内容编制每次测量的成果资料，通常形成单独的单次内容成果报告文本，报告内容相对简单，只要说明施测的目的、内容、采用的测量方法、使用的仪器设备、采用的技术指标要求、形成的成果资料等内容即可；工程项目核验测量报告编制与提交，则在编写时应站在整个项目实施的角度，系统地从施工过程跟踪直至项目竣工核实整个过程进行编写，最终形成针对整个测绘技术服务项目的成果文件。

测量报告的工作说明目的是将工作中的相关情况进行描述，以便于管理，因此宜将测量工作中的控制测量、条件点的施测情况、验测点测设情况、作业中的特殊问题等进行描述。

核验图宜按城市规划行政主管部门许可的附图的比例尺绘制，内容应满足当地城市规划行政主管部门的要求并与规划许可相对应，包括地下管线略图、规划道路名称、地下管线与四至关系等。

4.3 核验测量值与规划批准值的较差

规划批准值又称规划条件值、规划定位值，是规划行政主管部门确定的地下管线的定位条件，包括坐标、四至退让距离、高程、埋深、管径、管材等信息。由于测量误差的存在，地下管线竣工测量的坐标、高程、埋深等数字与规划审批的数字不一致，有一定的较差，当较差在一定的误差范围内，可认定符合规划审批条件，当较差超出一定范围时，则认为不符合规划审批条件，按规定需进行行政处罚。因此这个较差至关重要，是规划符合性判定的依据。规划管理部门希望测绘单位给出具体的误差数字，但目前国家相关技术标准尚未对规划测量的较差给出具体规定。参考目前各相关资料，将竣工测量值与规划批准值进行比对，求出较差，本书建议可参考表 4-1 和表 4-2 的规定进行符合性判定：一倍中误差以内为符合，一倍中误差至二倍中误差之间的为基本符合，超过二倍中误差的为不符合。

地下管线平面位置规划核实符合性判定表　　　　　　　表 4-1

条件点坐标核实	坐标较差	$\Delta \leqslant 50mm$	$50mm < \Delta \leqslant 100mm$	$\Delta > 100mm$
	判定结果	符合	基本符合	不符合
规划间距核实	间距较差	$\Delta \leqslant 70mm$	$70mm < \Delta \leqslant 140mm$	$\Delta > 140mm$
	判定结果	符合	基本符合	不符合

注：点位特征不明显的规划条件点的较差可放宽至 1.5 倍。

表 4-2

地下管线高程位置规划核实符合性判定表

高程核实	高程较差	$\triangle\leqslant50mm$	$50mm<\triangle\leqslant100mm$	$\triangle>100mm$
	判定结果	符合	基本符合	不符合

注：点位特征不明显的规划条件点的较差可放宽至 1.5 倍。

4.4 核验测量注意事项

（1）规划核验测量（不包含地下管线定线测量），测绘单位的职责是提供地下管线规划核验测量成果（报告），测出地下管线竣工值与规划审批值的较差，对规划核验测量成果质量负责，一般不对地下管线建设是否符合规划批准要求（合格）下结论，但可以根据需要提出参考建议，因为规划核实属规划行政管理，一般由规划行政管理部门下结论。

（2）规划核验测量成果要及时反馈规划行政主管部门，特别是出现规划条件测量值与批准值相差较大、不满足规划批准条件时，必须立即反馈至规划行政主管部门并告知建设单位。

（3）测量单位要与工程建设单位和施工单位沟通协调，掌握地下管线施工埋设计划，确定地下管线核验测量工作的具体时序。

4.5 核验测量案例

4.5.1 项目简介

本项目为某市一主干道路综合提升改造（一期）工程，原管径 $\phi600$ 的雨水管道提升为 $\phi800$，长约 85m，管材为混凝土。项目实施以规划许可证及设计图（见本书附件 A）为根据进行开槽翻新施工。竣工后核验测量，对施工结束后的各规划条件值（管径、材质、管长、管底标高、距离道路中线距离等）进行核实测量并比对验收。

4.5.2 技术方法及要求

1. 技术方法

根据工作内容，第一阶段开工放样主要采用网络 RTK 布设控制点、全站仪设站极坐标法放样管线点位；第二阶段规划核验测量主要采用网络 RTK 布设控制点、全站仪设站极坐标法采集管线点三维坐标、CAD 内业成图。

2. 作业依据

《规程》；

其他相关技术规范。

4.5.3 工艺流程

规划核验测量工作内容主要是管线设计资料分析，竣工雨水管道现场窨井调查、埋深量测，控制测量，管线点测量，数据处理，内业成图，规划与检测数据比对，成果报告编制及提交。具体工作流程见图 4-1。

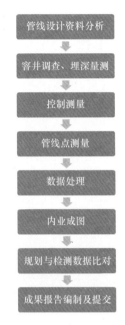

图 4-1　规划核验测量流程图

4.5.4　成果资料内容

（1）测绘项目技术说明书；

（2）管线规划竣工测量成果汇总表；

（3）管线规划竣工测量要素成果表；

（4）雨污水管线工程规划核验测量对比成果表（一）；

（5）雨污水管线工程规划核验测量对比成果表（二）；

（6）雨污水管线工程规划核验测量对比成果表（三）；

（7）管线规划核验测量成果图。

规划核验成果（样图表）详见本书附录 A。

5 直埋管线竣工测量

5.1 竣工测量目的

《国务院办公厅关于加强城市地下管线建设管理的指导意见》（国办发〔2014〕27号），要求工程覆土前，建设单位应按照有关规定进行竣工测量，及时将测量成果报送城建档案管理部门，并对测量数据和测量图的真实、准确性负责。住房和城乡建设部《城市地下管线工程档案管理办法》（中华人民共和国建设部令第 136 号）也规定，在地下管线工程覆土前，建设单位需通知具有相应测绘资质的单位进行管线竣工测量；管线建设工程竣工后，建设单位需向规划部门申请办理竣工验收备案手续；未经规划核实或核实不合格的，建设单位不得组织竣工验收，建设部门不得组织竣工验收备案，管线工程不得投入使用。开展地下管线竣工测量，一是更新城市地下管线数据库；二是建立城市地下管线工程建设档案；三是为市政道路等建设工程竣工验收提供基础资料。

5.2 竣工测量内容与要求

5.2.1 竣工测量内容

地下管线竣工测量内容为新、改、扩建埋设于地下的给水、排水、燃气、热力、电力、通信、工业、综合管廊等各类地下管线及其附属设施的平面坐标、高程、断面尺寸以及调查确定管材等属性信息。同时，为了保证管线的连续性，与埋地管线相连的架空管线也要测量。具体测量内容，各地可在《规程》规定的基础上细化。

地下管线竣工测量应充分利用前期规划核验测量的成果，避免重复测量，贯彻二测合一的理念。竣工测量与规划核验是二位一体的相互关联关系，目前部分城市是用规划核实测量代替竣工测量，也有部分城市未开展规划核实测量而进行竣工测量。

5.2.2 地下管线测点设置要求

地下管线竣工测量需要测量管线及附属物的空间位置并调查管线属性信息，是通过测量管线特征点来实现的。布设地下管线特征点（测点）是地下管线竣工测量的基本工作，其目的是能够使竣工测量结果准确反映地下管线位置和走向。供水、燃气、排水、通信等管线的测点，应根据管线的分类及特点确定。地下管线附属物按"依比例"和"不依比例"两种方式测量，边长≥2m 的依比例测量，测量其外围实际范围；边长＜2m 的，按不依比例测量，测量附属物的几何中心点。采用覆土前跟踪测量的方法，可以结合施工图和施工现场进度及时确定。

为保证新旧管线衔接接边，一般应对接边处的原管线重新测量并适当外延。

5.3 竣工测量方法

地下管线的竣工测量有物探测量法和覆土前跟踪测量法两种。采用物探测量的方法执行现行《城市地下管线探测技术规程》CJJ 61，《规程》主要介绍覆土前跟踪的竣工测量方法。地下管线覆土前跟踪竣工测量通常分为两部分：在覆土前测绘地下管线点的特征点的空间位置及其属性信息，在道路等地面工程竣工后补测地下管线点对应的地面高程、埋深、附属物等信息。地下管线竣工测量，当覆土前不具备测量条件时，可采用"拴点测量"的方法，在覆土前设置管线待测点，将设置的位置引到地面上，量取深度，并绘制点之记、覆土后再测量。地下管线竣工测量工艺流程可参考图5-1。

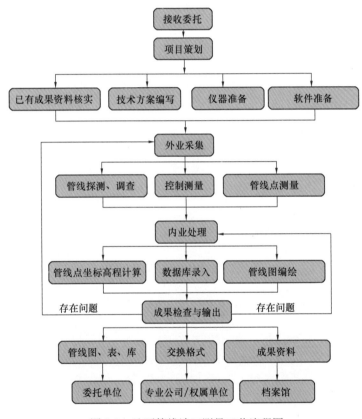

图 5-1 地下管线竣工测量工艺流程图

5.4 竣工测量报告编制

5.4.1 竣工测量报告编制要求

地下管线竣工测量成果资料分为技术报告、竣工图和数据库。
技术报告编写应突出重点、文理通顺、表述清楚、结论明确。主要内容包括：①工程概况，主要是工程的依据、目的和要求，工程的地理位置、地形条件，开工、竣工日期及完成的工作量；②测量技术措施，主要是作业技术标准、坐标、高程的起始数据，采用仪器和方法；③质量检查及质量等级；④作业中遇到的问题及处理情况，待说明的其他问题；⑤附图、附表。小型工程项目的报告书可以从简，采用工作说明表形式。

竣工图一般为综合管线图，根据需要可编制专业管线竣工图。技术报告的编制在地下管线测量工作完成并经检查合格的基础上进行；地下管线图应在地下管线数据处理工作完成并经检查合格的基础上编绘。采用当地城市基本比例尺地形图作为编绘地下管线图所用的底图。综合地下管线图、专业地下管线图应以彩色绘制，断面图以单色绘制。地下管线按管线点及相应图例连线表示。地下管线图中各种文字、数字注记不应压盖管线及附属物、建（构）筑物的符号。地下管线图注记应按《规程》附录 F 的规定执行。管线上文字、数字注记应平行于管线走向，字头向上并应垂直于管线走向，跨图幅的管线和附属物、建（构）筑物应在两幅图内分别注记。地下管线的名称应符合《规程》附录 B 的规定；图例应按《规程》附录 F 的规定执行。

数据库一般包括管线点平面坐标、高程信息、管径、埋深、压力等级等属性信息，以及道路名称、管线权属单位、行政区划等管理信息，格式一般为 shp、mdb、gdb 等通用格式。

5.4.2　提交的成果

1. 文档资料

任务书、合同、技术设计书、所利用的已有资料、观测记录、计算资料、检查报告、技术总结报告等。

成果资料包括成果表、成果图、技术说明等。

2. 数据资料

数据内容：包括管线空间数据、管线要素属性数据和管线元数据；

数据格式：shp、mdb、gdb 等通用格式。

5.5　合肥市地下管线竣工测量介绍

合肥市地下管线建设工作从源头把控，实行备案制，所有新、改、扩建道路项目，建设单位必须委托测量单位对地下管线进行竣工测量，提交地下管线竣工测量数据并及时录入合肥市地下管线信息系统，实现地下管线数据实时动态更新。

5.5.1　合肥市地下管线竣工测量方法

（1）测量方法：竣工测量采用施工覆土前跟踪测量方法，即覆土前对敷设管线进行测量，做到"见管测"，待道路建设完成后对前期测量管线点进行地面高程采集及附属物采集工作，提高了测量精度，数据及时入库，动态更新地下管网数据库。

（2）质量保障：合肥市管网办研制了地下管线移动巡检系统，采用 App 实时上传现场测量情况，对工程开工前、覆土前管线点测量，道路竣工后补充测绘的全过程情况实时监控；同时聘请第三方监理单位对测量过程全程监督，并对测量成果精度进行抽样检测，有效地保证了地下管线竣工测量成果质量。

（3）详细流程见图5-2。

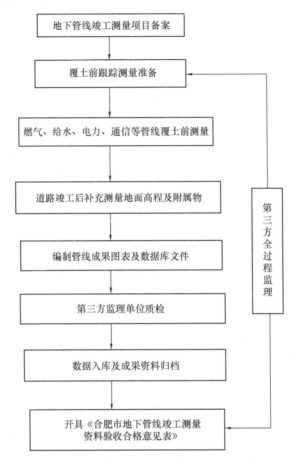

图5-2 合肥市地下管线竣工测量流程图

（4）测量全过程PAD巡查记录

① 项目备案后PAD巡查（图5-3、图5-4）。

图5-3 开工前现场跟踪图

PAD巡检信息表

项目名称：	新站高新区学林路地下管线竣工测量	巡检编号：	XJ2018-016274
项目地点：	学林路（大众路-桥头集路）		

温馨提示：项目具体位置请点击右侧"查看关联图形"查看地图标注。

项目区域：	新站区	项目时间：	2018年11月
管线类别：	综合	管线规模：	m
建设单位名称：	合肥新创投资控股有限公司		
联系人：	周伟	联系电话：	13339015202
测量单位名称：	保定金迪地下管线探测工程有限公司		
项目负责人：	赵志强	联系电话：	18912692108
现场情况描述：	整段道路已巡视，还未施工。跟踪测量：郭涵博		

图 5-4　PAD巡检信息图

② 覆土前测量 PAD 巡检（图 5-5～图 5-8）。

图 5-5　供水管线覆土前现场跟踪图

PAD巡检信息表

项目名称：	新站高新区学林路地下管线竣工测量	巡检编号：	XJ2019-047386
项目地点：	学林路（大众路-桥头集路）		

温馨提示：项目具体位置请点击右侧"查看关联图形"查看地图标注。

项目区域：	新站区	项目时间：	2018年11月
管线类别：	综合	管线规模：	m
建设单位名称：	合肥新创投资控股有限公司		
联系人：	周伟	联系电话：	133390155202
测量单位名称：	保定金迪地下管线探测工程有限公司		
项目负责人：	赵志强	联系电话：	18931209218
现场情况描述：	学林路与大众路交口东约500m路南，正在铺设给水管道。规格:DN300；材质:铸铁；测量方法:RTK；跟踪测量:苑凯		

图 5-6　供水管线覆土前测量 PAD 记录

图 5-7　燃气管线覆土前测量

PAD巡检信息表

项目名称：	新站高新区学林路地下管线竣工测量	巡检编号：	XJ2019-048164
项目地点：	学林路（大众路-桥头集路）		

温馨提示：项目具体位置请点击右侧"查看关联图形"查看地图标注。

项目区域：	新站区	项目时间：	2018年11月
管线类别：	综合	管线规模：	_____m
建设单位名称：	合肥新创投资控股有限公司		
联系人：	周伟	联系电话：	13539015202
测量单位名称：	保定金迪地下管线探测工程有限公司		
项目负责人：	赵志强	联系电话：	18932692105
现场情况描述：	位置:学林路与祥和路交口东，正在铺设燃气管道。规格:DN315；材质:PE；测量方法:RTK；跟踪测量:苑凯		

图 5-8　燃气管线覆土前测量 PAD 记录

③ 道路竣工且进行覆土后补充测量 PAD 巡查（图 5-9、图 5-10）。

图 5-9　道路竣工后测量

PAD巡检信息表

项目名称:	新站高新区学林路地下管线竣工测量	巡检编号:	XJ2020-081579
项目地点:	学林路（大众路-桥头集路）		

温馨提示: 项目具体位置请点击右侧 "查看关联图形" 查看地图标注。

项目区域:	新站区	项目时间:	2018年11月
管线类别:	雨水	管线规模:	m
建设单位名称:	合肥新创投资控股有限公司		
联系人:	周伟	联系电话:	133390015202
测量单位名称:	保定金迪地下管线探测工程有限公司		
项目负责人:	赵志强	联系电话:	18932602100
现场情况描述:	覆土后竣工测量;学林路(学林路与祥和路交口)，正在探测雨水管线，规格:DN 300; 材质:混凝土; 探测方法:量测; 探测人:韩冬生		

图 5-10 道路竣工且进行覆土后测量 PAD 记录

④ 第三方监理单位现场监督检查（图 5-11、图 5-12）。

图 5-11 第三方监理现场监督检查图

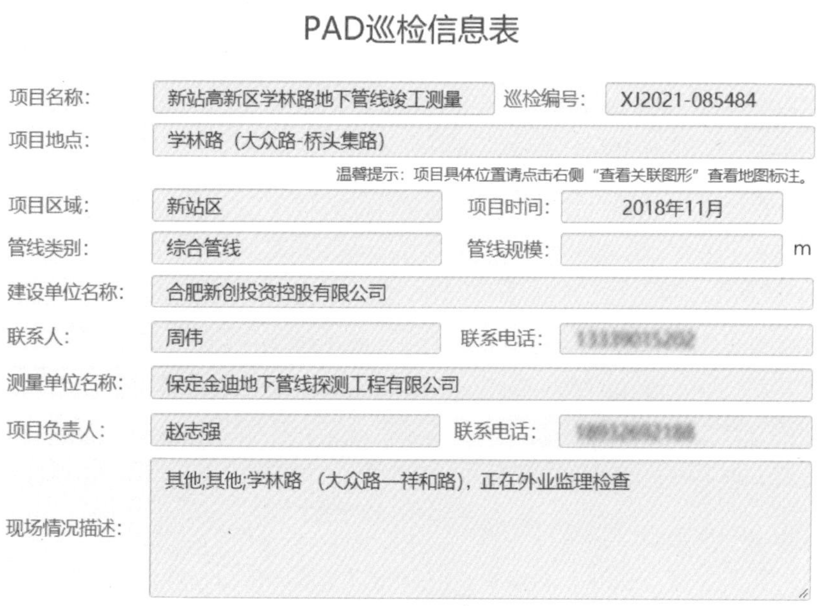

PAD巡检信息表

项目名称：	新站高新区学林路地下管线竣工测量	巡检编号： XJ2021-085484

项目地点： 学林路（大众路-桥头集路）

温馨提示：项目具体位置请点击右侧"查看关联图形"查看地图标注。

项目区域：	新站区	项目时间：	2018年11月
管线类别：	综合管线	管线规模：	m

建设单位名称： 合肥新创投资控股有限公司

联系人：	周伟	联系电话：	133****202

测量单位名称： 保定金迪地下管线探测工程有限公司

项目负责人：	赵志强	联系电话：	189****188

现场情况描述： 其他;其他;学林路（大众路—祥和路），正在外业监理检查

图 5-12　第三方监理现场 PAD 记录

⑤ 数据入库记录见表 5-1。

合肥市地下管线竣工测量项目入库统计表（2021 年 3 月）　　　表 5-1

序号	项目名称	监督登记号	项目地点	施工(开挖)许可证编号	发证部门	施工许可日期	建设单位	竣工测量单位	初次提交日期	入库归档（涉密网）	管线长度（m）	监理问题记录
13	新站高新区学林路地下管线竣工测量	XJ2018068	学林路（大众路-桥头集路）		新站新建		合肥新创投资控股有限公司	保定金迪地下管线探测工程有限公司	20210203	20210304	76815.57	

5.5.2　竣工测量案例

1. 项目概况

合肥市学林路（大众路-桥头集路）地下管线竣工测量，按照要求，需对道路敷设各类管线实时跟踪测量，测量管线走向及关键折点坐标信息，并调查管道材质、管径等属性信息，待道路施工建设完成后，对前期测量管线点进行实地放样，补充测量地面高程及附属设施信息，与前期测量数据进行比对，计算出管道埋深信息，并依据管道调查信息，生成管线调查成果表。

由于新建道路管线种类较多，本案例仅选取燃气、供水、供电、通信管线作为样例数据展示。

2. 作业方法

（1）控制点校核

根据《规程》中技术要求规定，竣工测量开始作业或重新设置基准站后，应至少在一个已知控制点上进行校核，校验较差不大于 50mm。

本次控制点校核依据合肥市地下管线第三方检测单位提供的控制点进行比对，精度指

标满足规程要求，可以开展施测工作。校核详细情况见表 5-2。

RTK 检核成果表　　　　　　　　表 5-2

点名	X 坐标（m）	Y 坐标（m）	ΔD（mm）	H 高程	ΔH（mm）	备注
CH-5	27006.053	531392.594	36	24.251	34	原始坐标
CH-5	27006.082	531392.572		24.285		检测坐标（检核日期：年/月/日）
平面坐标系：×××坐标系，高程系：×××高程系						

经计算该项目平面坐标和高程误差均≤50mm，符合《城市地下管线竣工测量技术导则》DBHJ/T 017—2018 相关技术规定。

（2）管线点覆土前测量及属性调查

依据道路周边环境，确定使用 GNSS RTK 或者全站仪进行管线点测量。结合周边环境，本次采用 GNSS RTK 进行施测，前后共计现场跟踪 53 次，有效覆土前测量次数 135 次。现场对燃气、供水、供电、通信等管线进行测量，现场对转折点、三通点做到覆土前测量，详见图 5-13。

(a) 燃气管线测量

(b) 供水管线测量

(c) 供电管线测量

(d) 通信管线测量

图 5-13　覆土前测量照片

（3）覆土后管线点放样测绘

依据覆土前测量管线数据，覆土后对管线点进行放样，测量管网所在位置地面高程，进而计算出管线点埋设深度，详见图5-14。

(a) 燃气管线测量

(b) 给水管线测量

(c) 供电管线测量

(d) 通信管线测量

图 5-14　覆土后测量过程照片

覆土后管线测量成果表（图）详见本书附录 B。

6 非开挖管线竣工测量

6.1 非开挖基本知识

6.1.1 非开挖技术的起源

非开挖技术源于 20 世纪 70 年代，并于 20 世纪 90 年代传入我国，被广泛应用于给水、排水、电力、通信、燃气等领域的新管道建设和旧管道修复。

6.1.2 非开挖管道敷设的定义

非开挖是指利用各种岩土钻掘设备和技术手段，通过导向、定向钻进等方式在地表极小部分开挖的情况下（一般指入口和出口小面积开挖），敷设、更换和修复各种地下管线的施工新技术，不会阻碍交通，不会破坏绿地、植被，不会影响商店、医院、学校和居民的正常生活和工作秩序，解决了传统开挖施工对居民生活的干扰，对交通、环境、周边建筑物基础的破坏和不良影响，因此具有较好的社会经济效益。

6.1.3 非开挖的施工工艺

目前非开挖技术措施按施工工艺可分为以下四种：

（1）导向钻（图 6-1）进铺管。

主要是以非开挖钻机为主体的管道施工技术，导向仪导向。利用导向仪实时确定钻头位置，使钻头按预设轨迹行进（图 6-2）；钻机成孔后，采用扩孔器，通过钻机回拖的方式逐级扩孔，直至满足铺管需求（图 6-3）；将所需铺设管道事先连接好，一次性拖入孔中，完成管道铺设工作，将 PE 管材的管道示踪探测线一同拖入（图 6-4）。

图 6-1 导向钻实物图

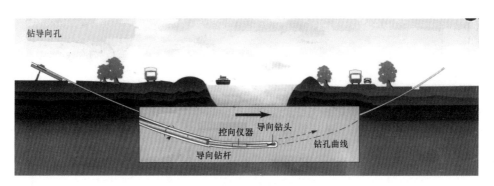

图 6-2 导向钻钻进作业示意图

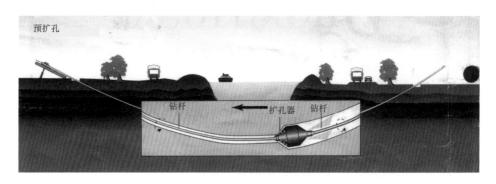

图 6-3 扩孔作业示意图

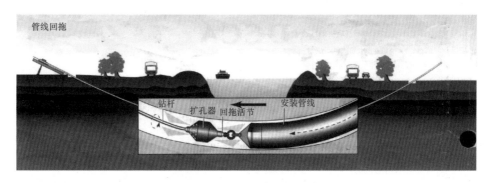

图 6-4 拖管作业示意图

用于铺设电力、通信、煤气和自来水管线，铺管直径、长度和材料范围较宽，适合 1000mm 以下管径，主要有 PE 管铺设和钢管铺设。

（2）遁地穿梭矛铺管。

气动冲击矛因其在地下行进和铺管的速度快，遁地无形，穿梭如鼠，故又被称为遁地穿梭矛，简称气动矛或冲击矛（图 6-5）。

气动冲击矛工作原理和空气锤相似，由空气压缩机提供压缩空气（6～7kg），机内冲击活塞在压缩空气的作用下做往复冲击运动，使冲击矛在地下运动，穿过所有可压缩的土壤形成一条隧道，然后将所需铺设的管子牵引到隧道内，这样交通未中断、路面未遭破坏，跨路铺管完成。

图 6-5　遁地穿梭矛头

（3）顶管掘进机铺管、顶管铺管。

顶管法施工就是在工作坑内借助于顶进设备产生的顶力，克服管道与周围土壤的摩擦力，将管道按设计的坡度顶入土中，并将土方运走（图 6-6）。一节管子完成顶入土层后，再下第二节管子继续顶进。其原理是借助于主顶油缸及管道间、中继间等推力，把工具管或掘进机从工作坑内穿过土层一直推进到接收坑内吊起。管道紧随工具管或掘进机后，埋设在两坑之间。

图 6-6　顶管掘进工作图

（4）盾构法铺管。

盾构法是隧道暗挖施工法的一种，它利用盾构机前端与盾构机体同等直径的刀盘，在与土壤接触时进行旋转，并加入适量的液体，使切削下来的土与液体在刀盘旋转的搅拌作用下，成为泥状流塑体，通过螺旋输送机送到地面。机头前进后，在机后留出的空间里，把提前预制好的混凝土管片拼装成环状（图 6-7）。

盾构法施工具有施工速度快、洞体质量比较稳定、对周围建筑物影响较小等特点，适合在软土地基段施工。扩管头负责将破碎的旧管压入到周围的土壤中，紧跟着是内衬管线，一般为 PE 管材，管径小于扩管头，在卷扬机的拉动下拖入原有管道的管位。

图 6-7   盾构法施工原理图

6.2   非开挖管线测量方法

6.2.1   导线法

采用掘进机法、盾构法等微型隧道法技术工艺施工的管道，可采用导线测量的方法测量平面位置和高程，导线测量要求见现行《城市测量规范》CJJ/T 8 第 4 章平面控制测量、第 5 章高程控制测量等章节要求。

因工作井较深，无法直接采用导线测量的方法将地面控制引入施工场地时，需采用"一井定向"联系测量方法，把地面控制导入施工场地，具体要求参考现行的《工程测量标准》GB 50026，极少用到。

管道安装测量工作，每间隔 30～50m 应设置一个临时导线点进行支导线测量，并对安装过程中平面和高程产生的偏差进行调整。临时导线点一般宜设置在管道的弧顶，避免管道内运输时对导线点产生破坏，每 100～120m 需进行一次复测。支导线测量时，支导线测量点布设一般 100m 为宜，最好将保存完好的临时导向点作为支导线点使用，便于检核。

高程可以采用三角高程测量和水准测量的方法进行观测，尽量选用导线点作为高程点，便于绘图检核。

临时管道铺设偏差计算方法：管道施工测量时，应事先根据设计坐标建立直线方程，根据点到直线距离公式，计算安装过程中各个临时点偏差，以便对施工位置偏差及时进行调整。通过对高程测量值与设计高程进行比较，及时调整高程偏差。

平差一般采用简易平差，各项技术指标满足现行《城市测量规范》CJJ/T 8 要求，成果作为竣工测量成果。

6.2.2 物探法

当管道埋深<5m时，可采用物探法等方法进行测量。在实际物探工作中，如果现场具备较好物探条件，目标管线与周围介质之间存在明显的物性差异，如：需探测目标管线不受周围其他管线或设施的干扰或干扰很小，可采用物探法进行，常用的有：直连法、感应法、示踪法或探地雷达法。

传统的地下管线探测技术，在探测非开挖施工管线时存在只适用一部分材质类型的管道以及深度限制，均利用电磁原理，易受到施工场所地面上或地下的电磁或铁磁干扰，可用性和探测精度受施工地地质条件制约。

6.2.3 惯性轨迹定位法

在实际工作中，现场往往存在区域内管线埋设密集或目标管线在栅栏、道路隔离栏、钢筋网路基下面的情况，无法满足物探条件，应该采用惯性轨迹的测量方法。

当埋深>5m，或地质条件等影响不具备物探条件时，很难采用常规的物探方法对目标管线进行探测，此时，应该采用三维轨迹惯性定位测量法进行测量。对于钢管或带有钢筋骨架的混凝土管，也可以采用磁梯度法进行物探，但该种物探方法成本高、效率低，一般不建议采用。

惯性轨迹定位法测量要求如下。

（1）惯性定位仪

目前市面上惯性定位仪主要有国外生产的（如比利时生产的 Reduct、ABM90 型陀螺仪）；国产系列的（如深圳某公司生产的 GXY-200、GXY-200 A，北京某公司生产的 JZ-系列，以及其他厂商生产的）。仪器生产厂家标称的测绘精度（以下简称厂家精度）平面精度一般为：±0.2m（长度不大于 100m 时）和 ±0.2D％m（长度大于 100m 时）；高程精度 ±0.25m（长度不大于 100m 时）和 ±0.25D％m（长度大于 100m 时）。其中：$D=L-100m$，L 是管道长度，L 小于 100m 时，$D=0$。在《规程》中，地下管道三维轨迹惯性定位测量精度要求见表 6-1。

惯性定位测量精度表   表 6-1

测量管段长度（m）	平面位置中误差（mm）	高程中误差（mm）
$L \leqslant 100$	$\leqslant 125$	$\leqslant 75$
$L > 100$	$\leqslant L \times 0.125\%$	$\leqslant L \times 0.075\%$

厂家精度与《规程》精度对比分析：当管道长度不大于 100m 时，按厂家精度平面误差计算公式计算，水平测量误差小于 0.2m，高程测量误差为 0.25m，按《规程》计算公式计算，水平误差应为 0.25m，高程误差为 0.15m，水平误差精度略高于《规程》规定，高程误差低于《规程》规定。

目前实际施工中，一段牵引管的长度有的近千米。按厂家精度的平面误差计算公式计算的水平误差精度要高于《规程》规定精度。高程误差的精度低于《规程》规定精度。

例如：按 1000m 计算，按厂家精度的平面误差计算公式计算，水平误差为 0.2×

$(1000-100)\% = 1.8m$，高程误差为 $0.25 \times (1000-100)\% = 2.25m$。

按《规程》计算：水平中误差为 $L \times 0.125\% = 1000 \times 0.125\% = 1.25m$，水平误差为 $1.25 \times 2 = 2.5m$；高程中误差为 $L \times 0.075\% = 1000 \times 0.075\% = 0.75m$，高程误差为 $0.75 \times 2 = 1.5m$。

目前市场销售的陀螺仪的标称精度，多数高于《规程》规定的精度，可以满足实际工作需要。

（2）惯性轨迹定位法对管道的要求

三维轨迹惯性定位测量时，管道应具备下列条件：

1）管道内要干净，不能有泥土、砂石、异物等杂物。

2）待测管道中宜事先穿好牵引缆线，用于外部牵引测量，牵引管道施工时已经在管道内留有牵引绳，未预留牵引绳的管道，可采用穿线器将牵引绳穿入管道内，然后实施测量。

3）当管道过长时，应至少每 1km 增加一个位置控制点。这一条规定主要考虑三维轨迹惯性定位测量具有随待测管道长度的增加，水平误差和高程误差具有累积的特性。

（3）惯性轨迹定位法操作要求

1）在测量前，需对仪器进行全面检查，包括连接性正确无误，电池电量及信号灯工作正常，轮组数据工作正常，采集单元存储容量正常等。可以在有已知数据的管道检查仪器的可靠性。

2）惯性陀螺仪是靠传感器（陀螺仪、加速计等）在管道行进姿态的变化，进行惯性测量的，测量前必须做好初始化，使仪器调整到正确的姿态，避免产生较大的振动源，并处于稳定状态。

3）同一条管道至少要进行往测和返测各一次测量，且两次探测结果应一致，对两次测量的初始三维轨迹的曲线同里程的三维坐标按平面和高程分别计算各点的较差，并统计测量管段的中误差超差率（平面和高程的超差率即允许中误差的 $2\sqrt{2}$ 倍的点数占计算总点数的比例）均应小于 10%。

4）一定的运行速度，以保证角速度的均匀一致，避免轨迹测量曲线的跳跃。

5）惯性定位测量记录必填的项目应符合表 6-2 的要求。

惯性定位测量记录表　　　　　　　　　　　　　　　　　　　　表 6-2

工程名称：　　　　　　　　　　测量单位：

仪器型号与编号：　　　　　　　测量日期：　　　年　　　月　　　日

序号	测量位置			起终点三维坐标			工井照片	工井剖面示意图
	管段编号	起终点	管孔编号	X	Y	Z		
1		起点						
		终点						
2		起点						
		终点						

填写：　　　　　　　　　　校核：　　　　　　　　　　检查：

（4）惯性定位测量成果图、表

惯性定位测量成果输出包括轨迹数据、图（工作位置图、CAD 图、三维、二维视图）、表、相关说明等内容。

1）成果图（图 6-8～图 6-13）。

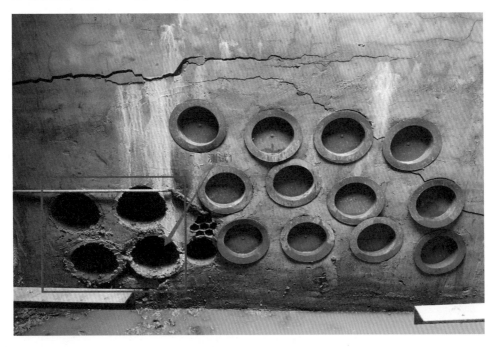

图 6-8　工井剖面图

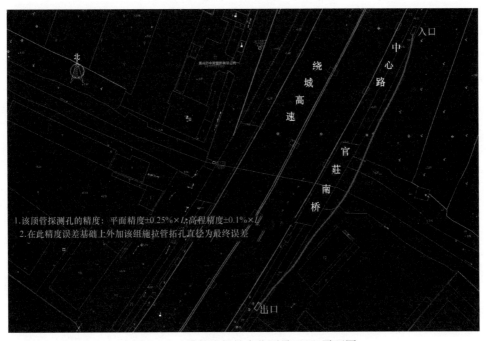

图 6-9　三维轨迹惯性定位测量 CAD 平面图

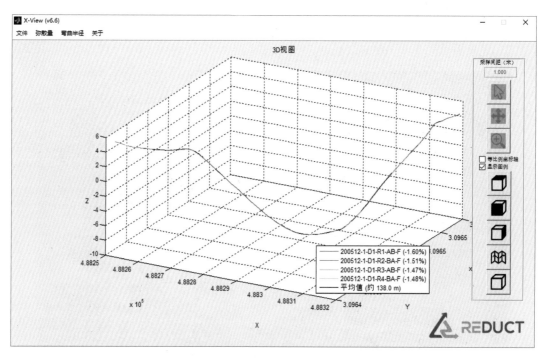

图 6-10　三维轨迹惯性定位测量 XY、XZ、YZ 平面 3D 视图

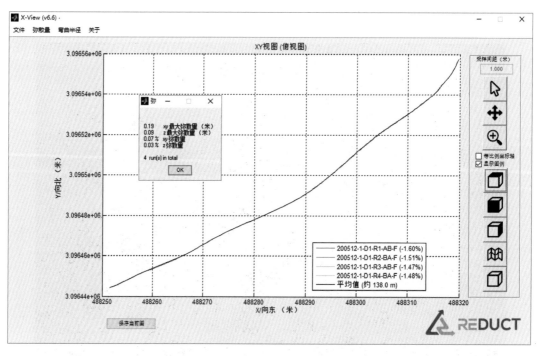

图 6-11　三维轨迹惯性定位测量 XY 方向 2D 视图

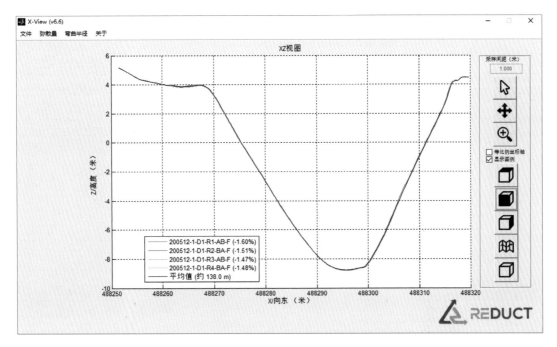

图 6-12　三维轨迹惯性定位测量 XZ 方向 2D 视图

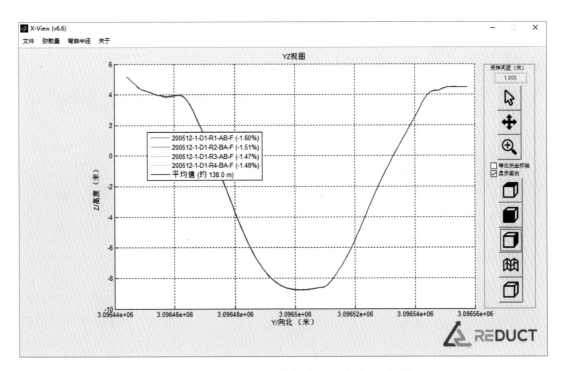

图 6-13　三维轨迹惯性定位测量 YZ 方向 2D 视图

2）三维轨迹惯性定位测量坐标成果表（表 6-3）。

电力管线三维探测管线特征点坐标成果（单位：m）　　　表 6-3

［中心路过官庄桥（测试 2）部分］

点号	北坐标（X）	东坐标（Y）	高程（H）
1	3096726.627	488390.551	4.910
2	3096727.029	488390.751	4.805
3	3096727.064	488390.768	4.796
4	3096727.283	488390.877	4.738
5	3096727.504	488390.985	4.683
6	3096727.724	488391.091	4.632
7	3096727.946	488391.195	4.584
8	3096728.172	488391.300	4.540
9	3096728.392	488391.402	4.502
10	3096728.618	488391.509	4.467
11	3096728.841	488391.616	4.435
12	3096729.063	488391.726	4.403
13	3096729.283	488391.836	4.372
14	3096729.505	488391.948	4.339
15	3096729.729	488392.060	4.303
16	3096729.948	488392.170	4.266
17	3096730.172	488392.283	4.225

3）三维轨迹惯性定位测量数据采集现场记录表（表 6-4）。

地下管道三维轨迹惯性定位测量数据采集现场记录表　　　表 6-4

工程名称				测量单位			测量日期	
仪器型号/编号				文件夹名称			测量地点	
入（出）口	编号	X（北）	Y（东）	Z	轮组信息	轮组型号		轮组编号
入口					轮组信息	类别	管段	长度	管径/材质
出口									
测量级次		管段长度		长度比	仪器重复性指标1	仪器重复性指标2	测量过程异常情况	备注
第1组	往							
	返							
第2组	往							
	返							
第3组	往							
	返							

填写：　　　　　　　　　　　　　　　　　　　　　　校核：

　　同一束牵引管道，应至少测量一个孔（管）。因此，必须对所测的孔（管）进行标识，并绘制断面图。坐标轴方向应与所用仪器、软件规定一致，避免坐标轴不一致导致成果错误。

　　要求测量完成后，及时将陀螺仪存储数据下载到计算机上，做好工程记录，避免数据被覆盖或丢失。

　　（5）惯性定位测量成果质量检查

　　质量检查包括外业检查（数据采集的检查）和内业检查（成果资料检查）：

1）外业检查包括管道出入口坐标测量检查和管道三维轨迹定位测量数学精度检查。

2）管道出入口坐标测量检查应采用同精度或高精度的方法进行重复测量，检查测量精度符合现行《城市测量规范》CJJ/T 8 的要求。

3）管道三维轨迹定位测量数学精度检查可采用同精度或高精度的方法进行。采用同精度方法进行检查时，宜采用重复测量的方式，有条件时，采用开挖等高精度检查方法。

4）采用重复测量方式进行检查时，检查数据与原测量成果的较差对于不大于 $2\sqrt{2}$ 中误差的点均应参与中误差计算，参与精度统计，大于 $2\sqrt{2}$ 中误差的点视为粗差点，粗差率不应大于 5%。

5）高精度检查时，检查数据与原测量成果较差超出 2 倍中误差即为粗差，高精度检查的粗差率不应大于 10%。

6）在粗差率合格的前提下，按测量管段分别统计平面中误差和高程中误差。平面中误差和高程中误差均应满足《规程》规定。

7）内业检查通过资料核查和比对分析的方法进行，比对分析是对测量的原始数据进行重新计算，比对重新计算的三维轨迹坐标成果与原计算成果，比对精度指标的符合性。

8）测量成果的质量评定参照现行行业标准《管线测量成果质量检查技术规程》CH/T 1033的规定。

9）不合格的成果，不得提交、验收或归档，应进行整改或返工处理，完成后应重新进行检查。

6.3 非开挖管线竣工测量案例

6.3.1 大埋深定向钻施工牵引燃气管线导向仪探测

某市一条道路直径 200mm 的燃气地下管线采用定向钻施工工艺，成孔后利用牵引方式进行扩孔和托管敷设。管道材质为 PE，埋深 4～12.8m，此次管线规划竣工核实采用美国猎鹰 F1 导向仪进行管道探测。

1. 工作流程

（1）资料收集（设计资料、施工资料、规划总平面图、施工记录）；

（2）导向仪现场校正（校正场地选择应在管道敷设附近选择与敷设管道地质条件相同的地方）；

（3）管线探测；

（4）管线点测量；

（5）管线数据处理、图表编辑；

（6）与规划总平图对比；

（7）质量检查；

（8）成果提交（技术报告、成果资料检验单、管线成果图、表、数据库等）。

2. 成果图、表

（1）导向仪探测平面图（图 6-14）。

（2）导向仪探测管线成果表（表 6-5）。

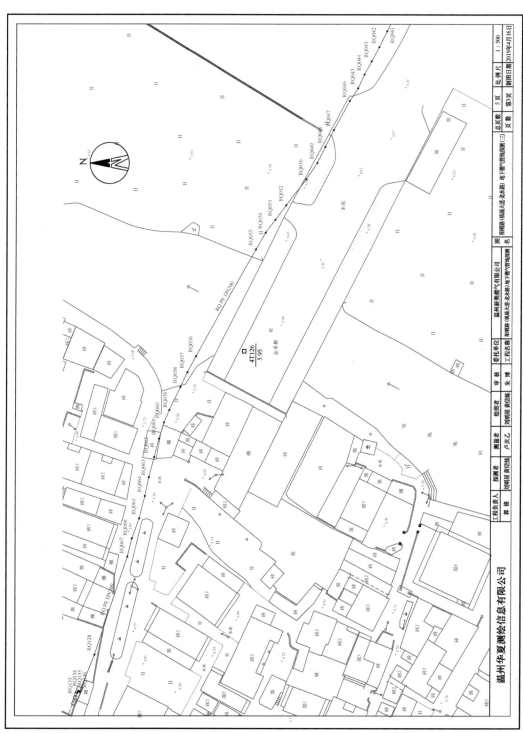

图 6-14 定向钻施工牵引燃气管道管线导向仪探测平面图

表 6-5

导向仪探测管线成果表

图上点号	物探点号	连接点号	材质	管径或截面宽度	特征	附属物	X	Y	地面高程	埋深起点	埋深终点	管底起点	管底终点	电压或压强	未用孔数	电缆根数	埋设方式	所在位置	备注
RQ133	RQ133	RQ134	PE	200	预留口		3094441.669	511176.857	3.342	0.01	0.01	3.332	3.323	中压			直埋		隐蔽点
RQ134	RQ134	RQ133	PE	200		阀门	3094441.128	511178.067	3.333	0.01	0.01	3.323	3.332	中压			直埋		明显点
		RQ135	PE	200						0.01	0.01	3.323	3.234	中压			直埋		
RQ136	RQ136	RQ135	PE	200	转折点		3094440.518	511178.347	3.105	0.01	0.01	3.095	3.234	中压			直埋		隐蔽点
		RQ128	PE	200						0.01	3.64	3.095	0.591	中压			直埋		
RQ135	RQ135	RQ134	PE	200	转折点		3094440.909	511178.532	3.244	0.01	0.01	3.234	3.323	中压			直埋		隐蔽点
		RQ136	PE	200						0.01	0.01	3.234	3.095	中压			直埋		
RQ128	RQ128	RQ067	PE	200	转折点		3094436.442	511188.130	4.231	3.64	8.22	0.591	-4.395	中压			直埋		隐蔽点
		RQ136	PE	200						3.64	0.01	0.591	3.095	中压			直埋		
RQ067	RQ067	RQ128	PE	200	转折点		3094427.487	511231.956	3.825	8.22	3.64	-4.395	0.591	中压			直埋		隐蔽点
		RQ066	PE	200						8.22	8.20	-4.395	-4.439	中压			直埋		
RQ066	RQ066	RQ067	PE	200	转折点		3094426.289	511218.733	3.761	8.20	8.22	-4.439	-4.395	中压			直埋		隐蔽点
		RQ065	PE	200						8.20	8.27	-4.439	-4.578	中压			直埋		
RQ065	RQ065	RQ066	PE	200	转折点		3094424.301	511224.067	3.692	8.27	8.20	-4.578	-4.439	中压			直埋		隐蔽点
		RQ064	PE	200						8.27	8.45	-4.578	-4.653	中压			直埋		
RQ064	RQ064	RQ063	PE	200	转折点		3094422.793	511229.941	3.797	8.45	8.68	-4.653	-4.644	中压			直埋		隐蔽点
		RQ065	PE	200						8.45	8.27	-4.653	-4.578	中压			直埋		
RQ063	RQ063	RQ062	PE	200	转折点		3094421.717	511234.897	4.036	8.68	8.80	-4.644	-5.048	中压			直埋		隐蔽点
		RQ064	PE	200						8.68	8.45	-4.644	-4.653	中压			直埋		
RQ062	RQ062	RQ061	PE	200	转折点		3094420.260	511240.252	3.752	8.80	8.32	-5.048	-4.681	中压			直埋		隐蔽点
		RQ063	PE	200						8.80	8.68	-5.048	-4.644	中压			直埋		
RQ061	RQ061	RQ060	PE	200	转折点		3094418.949	511245.071	3.639	8.32	8.31	-4.681	-4.720	中压			直埋		隐蔽点
		RQ062	PE	200						8.32	8.80	-4.681	-5.048	中压			直埋		
RQ060	RQ060	RQ059	PE	200	转折点		3094417.594	511249.341	3.590	8.31	8.10	-4.720	-4.525	中压			直埋		隐蔽点
		RQ061	PE	200						8.31	8.32	-4.720	-4.681	中压			直埋		

（3）管线特征点坐标成果对照表（表6-6）。

管线特征点坐标成果对照表　　　　　　　　表6-6

特征点桩点	设计坐标（m）		实测坐标（m）		矢量差（m）	备注
	X	Y	X	Y		
ZXDK0+010.7（左）	3098240.652	506212.451	3098240.804	506212.797	0.38	
ZXDK0+010.7（右）	3098243.333	506218.526	3098243.370	506218.609	0.09	
ZXDK0+017.0（左）	3098234.875	506215.001	3098235.142	506215.607	0.66	
ZXDK0+017.0（右）	3098237.015	506219.850	3098237.031	506219.885	0.04	
ZXDK0+025.0（左）	3098227.072	506217.135	3098227.898	506219.005	2.04	
ZXDK0+025.0（右）	3098230.182	506224.179	3098229.715	506223.121	1.16	
ZXDK0+036.0（左）	3098217.494	506222.675	3098217.740	506223.235	0.61	
ZXDK0+036.0（右）	3098219.634	506227.524	3098219.649	506227.558	0.04	
ZXDK0+050.0（左）	3098204.686	506228.330	3098204.813	506228.617	0.31	
ZXDK0+050.0（右）	3098206.827	506233.178	3098206.839	506233.206	0.03	
ZXDK0+070.0（左）	3098186.390	506236.407	3098186.436	506236.511	0.11	

3. 技术报告编写

技术报告编写内容应包括：

（1）项目概况；

（2）技术依据；

（3）坐标系统和高程基准；

（4）已有资料利用与分析；

（5）导向仪场地校正及修正情况；

（6）项目实施（控制测量情况说明、管线探测说明、管线点测量说明、数据处理说明等）；

（7）项目投入及完成工作量；

（8）与规划核实情况说明；

（9）质量检查；

（10）成果提交。

6.3.2　电力管线三维轨迹惯性定位测量规划核实测量

某市绕城西南线高架下瓯海中心路电缆管道工程电力牵引管陀螺轨迹三维定位测量，管线探测地点位于该市区中心路（过瓯海大道、官庄南桥、官庄桥、舟桥）共4段。

1. 工作流程

（1）资料收集（设计资料、施工资料、规划总平面图）；

（2）管道口坐标和高程测量；

（3）管道三维轨迹惯性定位测量；

（4）管线特征点地面放样和高程测量；

（5）管线数据处理；

（6）管线成图成表；

（7）与规划总平面图对比；

（8）质量检查；

（9）成果提交（技术报告、成果资料检验单、管线成果图、表、数据库等）。

2. 惯性定位测量成果输出

包括轨迹数据、图、表、相关说明等内容，见6.2.3中（4）。

其余工作与本书第4章、第5章一致，不再赘述。

3. 技术报告编写

技术报告编写内容应包括：

（1）项目概况；

（2）技术依据；

（3）坐标系统和高程基准；

（4）已有资料利用与分析；

（5）项目实施（控制测量情况说明、管线惯性轨迹定位测量说明、管线点地面回放和高程测量说明、数据处理及成果图表编绘说明等）；

（6）项目投入及完成工作量；

（7）与规划核实情况说明；

（8）质量检查；

（9）成果提交。

6.3.3　隧道内管线测量

以某市过江隧道为例对管线规划核实验收工作进行说明。

1. 工作流程

（1）控制测量；

（2）联系测量；

（3）隧道内设施、设备测量；

（4）断面测量（横断面和纵断面测量，如果起始井和接收井为竖井时需绘制井筒断面图和井筒剖面图）；

（5）竣工实测与规划总平面图比较图；

（6）建设工程竣工测绘成果资料检验单；

（7）质量检查；

（8）成果提交（技术报告、成果资料检验单、管线成果图、表、数据库等）。

2. 成果图

（1）隧道断面位置图（图6-15）。

（2）隧道管线布置断面图（图6-16）。

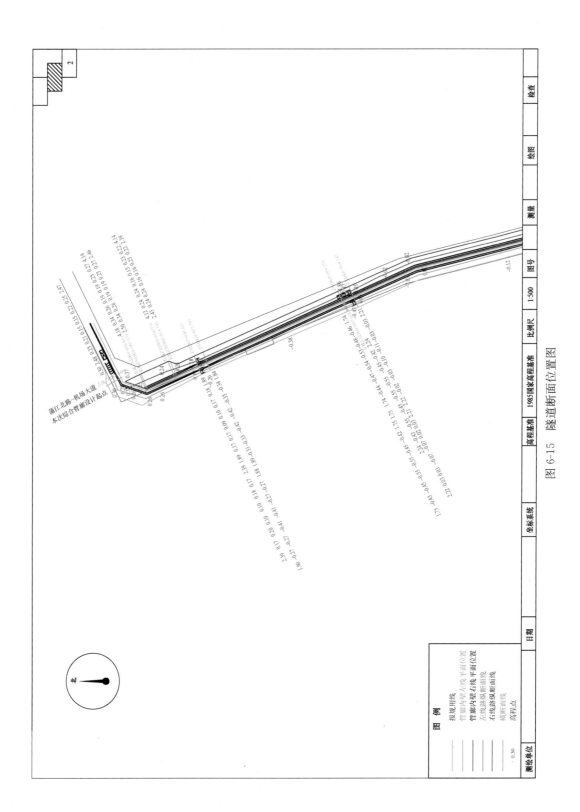

图 6-15　隧道断面位置图

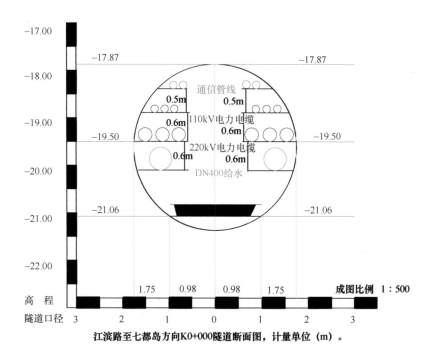

江滨路至七都岛方向K0+000隧道断面图，计量单位（m）。

图 6-16 隧道管线布置断面图

（3）与规划总平面对比图（图 6-17）。

将隧道管线点坐标放样到地面上，测出各管线点地面高程，建立管线数据库，绘制管线成果图表。

3. 技术报告编写

技术报告编写内容应包括：

（1）项目概况；

（2）技术依据；

（3）坐标系统；

（4）已有资料利用与分析；

（5）项目实施；

（6）项目投入及完成工作量；

（7）与规划核实情况说明；

（8）质量检查；

（9）成果提交。

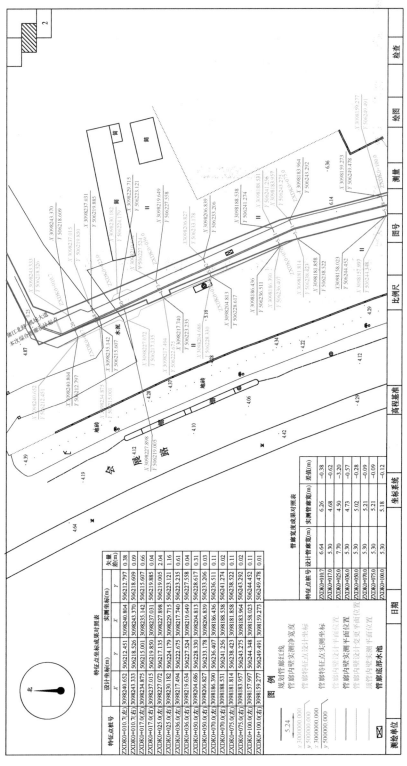

图 6-17 综合管廊竣工测量与规划总平面对比图

7 综合管廊竣工测量

7.1 综合管廊竣工测量内容

综合管廊竣工测量内容是：查明综合管廊名称，各舱室的平面位置、走向、规格、权属单位、附属设施信息以及其他有关的属性信息，测量各舱室及其附属设施的平面坐标和高程，编绘综合管廊平面图、纵断面图、横断面图，编制调查成果表，并宜建立综合管廊数据库。

在已建立综合管廊数据库和信息系统的城市，管廊竣工测量成果应能满足综合管廊数据库更新的技术要求。

7.2 综合管廊调查

综合管廊调查应在充分收集和分析已有资料的基础上，采用实地调查的方式进行。邀请委托方派出施工人员或其他熟悉管廊埋设情况的人员到场指导，实地核实收集的资料，查看管廊埋设大致情况。

（1）综合管廊调查以舱室为调查单元，应对每个舱室逐一查明舱室走向、连接关系、附属设施及其他属性等，设置管廊特征点位标识，并绘制调查草图。

（2）进入到各舱室内，详细调查每个舱室的属性信息，绘制调查草图并在舱室内设置测点标识。

（3）综合管廊属性信息调查内容包括舱室数量、舱室规格（空间净宽、净高或直径）、埋设年代、权属单位、附属设施等。

（4）综合管廊（舱室）调查所设置的测点设置在能表达综合管廊（舱室）几何中心特征点的位置，特征点包括综合管廊（舱室）的起讫点、分支点、转折点、变坡点、断面变化点以及附属设施中心点（或角点）等。

（5）综合管廊（舱室）调查所设置的测点是综合管廊（舱室）调查的一项重要内容，其核心目的是使测点能反映综合管廊（舱室）的空间位置及规格变化，满足调查成果的应用。

（6）综合管廊（舱室）调查应在测点设置标记，并在测点附近注明编号，编号宜采用"综合管廊（舱室）编号＋顺序号"形式，并保持其在同一项目或测区中的唯一性。

（7）综合管廊（舱室）规格调查，应量测综合管廊（舱室）内部空间的断面尺寸。圆形断面量测其内径，矩形断面量测其内壁的宽和高。

（8）综合管廊规格调查，通过量测舱室内部空间的断面尺寸，结合管廊设计、施工、竣工资料的结构厚度，确定综合管廊规格。

（9）综合管廊附属设施的调查包括人员出入口、逃生口、吊装口、通风口、管线分支口、防火墙等。

（10）综合管廊应现场如实记录调查结果，记录方式可为纸质记录或电子记录。纸质记录应使用墨水钢笔或铅笔填写清楚，电子记录可按规定格式导出记录。一切原始记录、记录项目应填写齐全、正确、清晰，不得随意更改。

7.3 综合管廊测量

综合管廊测量包括控制测量和廊体测量。

7.3.1 控制测量

控制测量分为地面近井控制测量、地面地下平面联系测量以及地下图根控制测量。

（1）地面近井控制测量可采用 GNSS RTK、导线测量等方法进行。

（2）地面地下平面联系测量可利用已布设的近井控制点采用联系三角形法、导线直接传递法或投点定向法进行。

1）采用联系三角形法应在井口悬挂至少两根钢丝，利用全站仪分别测定近井点与钢丝的距离和角度以及地下控制点与钢丝的距离和角度，用方向观测法观测一测回。每次联系测量应至少独立进行两次，两次推算的地下控制点坐标分量较差应小于 2cm，取两次平均值作为地下控制点的最终成果。

2）采用导线直接传递法测量地下控制点应独立进行两次，全站仪宜具有双轴补偿功能，仪高和镜高量取至毫米，垂直角应小于 30°。

3）采用投点定向法在井口搭设平台，架设铅垂仪等设备向下投点时，应独立进行两次，两次投点坐标分量较差应小于 2cm。

地面地下高程传递测量可采用悬挂钢尺法、全站仪三角高程法。高程传递时，应独立观测两次，两次间高差较差应小于 2cm，取两次平均值作为地上、地下控制点的最终高差，全站仪三角高程测量宜与导线直接传递同时进行。

（3）地下图根平面控制应利用地面地下联系测量所布设的平面控制点，采用附合导线或无定向导线测量，当地下图根导线受条件限制无法附合时，可布设不超过 3 条边的支导线，支导线长度不超过附合导线长度的 1/3，水平角应测左、右角各一测回，测站圆周角闭合差不应超过 ±40″。地下图根三角高程测量宜与地下图根导线测量同时进行，仪器高、觇牌高量至毫米。

地下导线的布设，应根据需要确定，如果导线总长超长，可先布设地面导线，再布设地下导线；为减少层次，可直接布设自地上经由地下再地上的导线。

7.3.2 廊体测量

综合管廊测量以舱室为单元，对每个舱室及相关附属设施进行测量。管廊（舱室）测量内容应包括：对管廊（舱室）点标识进行平面坐标与高程测量，测定管廊（舱室）及附属设施，对测量数据进行计算与整理。

数据采集：管廊（舱室）点的平面坐标测量宜采用导线串测法或极坐标法，高程测量宜采用三角高程法，并应符合以下规定：

（1）采用导线串测法测量平面坐标的作业方法和要求应符合现行《城市测量规范》CJJ/T 8 的规定。

（2）采用全站仪同时测量平面坐标和高程时，水平角和垂直角可观测半测回，测距长度不超过 150m，定向边应采用长边，仪器高和觇牌高量至毫米。

管廊（舱室）点测量可使用电子手簿记录数据，应对数据进行检查，删除错误数据，及时补测错、漏数据，超限的数据应重测；用经检查完整正确的测量数据，生成测量数据文件；数据文件应及时存盘、备份。

管廊数据处理：将外业观测的数据导入到数据处理平台，对照外业草图，录入管廊信息，形成完整的管廊数据文件，进而生成管廊成果图及管廊成果报表。

7.3.3 成果编制

综合管廊成果包括竣工测量说明、综合管廊平面图、综合管廊断面图、综合管廊成果表、综合管廊编绘成果检验等。

（1）竣工测量说明内容宜包括以下内容：

1）项目概况：任务来源、生产起止时间、工程名称、工程范围、作业技术依据、完成工作量等。

2）利用已有资料情况：施工图纸和资料的实测与验收情况，资料中存在的主要问题和处理方法等。

3）作业方法、质量和有关技术数据：控制点布设、综合管廊调查原则、综合管廊采集原则，新技术、新方法、新材料的采用及其效果，作业中出现的主要问题和处理方法等。

4）结论：成果质量、作业方法等的评价，重大遗留问题的处理意见、经验、建议等。

（2）综合管廊平面图内容包括综合管廊中心线、综合管廊外边线综合管廊附属设施等。

1）中心线采用线宽 0.1mm 的单实线表示。

2）外边线宜采用线宽 0.3mm 的虚线，线段长度 2mm，线段间隔 1mm。

3）中心线上应标注综合管廊点的编号，保证编号唯一性，不标注管廊断面尺寸等信息。

（3）综合管廊断面图应依据调查与测量成果编绘，包括纵断面图和横断面图。

1）综合管廊纵断面图绘制应满足下列要求：

① 纵断面图宜绘制管廊的外底、外顶、地面三条纵断面。

② 纵断面图内容包括管廊点、高程、比例尺、附属设施等。

③ 纵断面图上点号、高程应与综合管廊平面图、成果表一致。

2）综合管廊横断面图编绘应符合下列规定：

① 管廊断面、舱室断面等有明显变化处应绘制横断面图。

② 横断面图内容包括断面号、管廊尺寸、舱室名称、舱室尺寸、比例尺等。

（4）综合管廊成果表内容宜包括点号、点性、敷设年代、断面尺寸、材质、长度、埋深、平面坐标、管廊顶高程、管廊底高程、管廊地面、图幅号、备注等。成果表应依据调查与测量成果编制，成果表中点号应与成果图上点号一致。

（5）综合管廊编绘成果检验

1）成果图经图面检查和实地对照检查，检验内容包括编号、符号、连接关系、图面注记、图廓整饰等。

2）成果表相关信息与测量结果一致，检验内容包括管廊名称、舱室数量、舱室规格或管径、舱壁情况、管孔数、材质、附属设施、坐标、高程等。

3）成果图检查内容：

① 图例符号、注记是否正确；

② 连接关系是否正确；

③ 附属设施、管线是否有遗漏；

④ 接边完整，是否有错漏；

⑤ 图廓整饰是否符合要求。

7.4 提交成果资料

（1）任务书或合同书、技术设计书；

（2）所利用的已有成果资料、坐标和高程的起算数据文件以及仪器的检验、校准记录；

（3）综合管廊（舱室）调查草图、综合管廊（舱室）横断面草图、综合管廊（舱室）调查记录表、控制点和舱室测量观测记录、计算资料、各种检查和相片及权属单位审图记录等；

（4）项目技术总结、竣工测量成果报告、成果图、成果表、数据文件、数据库等；

（5）质量检查报告。

7.5 综合管廊竣工测量案例

本案例具体内容为某一段路的管廊竣工测量成果。

7.5.1 简介

本案例为某在建地下综合管廊及入廊管线竣工测量项目，总长度约 24.45km，含两舱、三舱、四舱管廊，主要建设内容为管廊主体以及配套的电气、监控、检测、给水排水、消防、通风、照明、控制中心等工程，建成后可满足区域电力、通信、给水、再生水、供热、燃气、污水及部分雨水等管线的敷设需求。根据要求，须进行地下综合管廊及入廊管线的竣工测量工作。

7.5.2 技术方法及技术要求

（1）技术方法及要求

1）控制测量（平面控制、高程控制）：根据工作内容收集已知控制资料，首级平面控制为 GNSS E 级点、高程控制为四等水准点，以此作为地下管廊内部控制的起算数据，布设图根及以上等级导线。

2）竣工测量要素数据采集和断面测量：采用全站仪极坐标法或网络 RTK 技术（未覆土前）进行采集、管廊纵横断面测量。

3）调查管廊及入廊管线的各种属性，内业编辑成图，并建数据库。

（2）引用的技术标准：

《规程》；

其他相关技术规范等。

7.5.3　工艺流程

根据工作内容，技术设计的前期工作有收集已知控制和地形资料、现场踏勘，开工准备工作有技术安全培训、仪器设备检验等。竣工测量主要有控制测量、竣工测量要素数据采集、管廊纵横断面测量、调查管廊及入廊管线的各种属性，内业编辑成图，并建数据库。具体作业流程图见图 7-1。

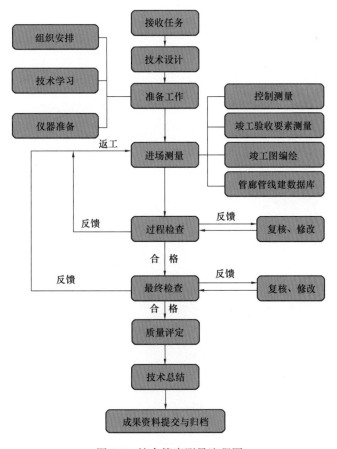

图 7-1　综合管廊测量流程图

7.5.4　成果资料编制

（1）项目技术设计书、质量检查报告、技术总结；

（2）控制测量成果表；

（3）地下管廊平面图（1∶500）；

（4）地下管廊纵、横断面图；

（5）地下管廊数据库成果。

7.5.5　综合管廊测量成果图样例详见本书附录 C。

8 数 据 处 理

8.1 数据接边

地下管线竣工测量数据用于更新城市地下管线数据库，涉及竣工新测地下管线与周边既有地下管线的接边，包括地下管线空间位置接边和属性接边。由于覆土前竣工测量精度较高，而原有地下管线数据大多是采用物探测量的方法获取，竣工测量的数据精度要比原探测数据精度高，一般地，如接边误差在允许范围内，可以新测管线为准进行接边。如接边误差超出限差或管径、管材等属性接边有较大差异，则应认真检查本次新测管线的坐标高程测量以及属性调查是否正确，并到外业进一步测量调查核实，如确认原有管线有误，则应将原管线进行改正。

8.2 管线图和成果表编制

地下管线竣工测量图和成果表编制是地下管线数据处理的内容之一。管线图编绘工作内容包括：比例尺的选定、地形图和管线数据的输入、符号配置、注记编辑、成果输出等。管线成果表编制的内容一般包括：管线点号、管线点类别、管线类型、规格、材质、压力或电压、电缆根数或孔数、权属单位、埋深、管线点坐标、高程等。为防止错误传递到下道工序，要求在编绘前应对地下管线图形文件或数据文件进行检查，以保证编绘所需的数据满足要求。地下管线成果表应依据绘图数据文件和地下管线竣工测量成果编制，其管线点号应与图上点号一致，目的是保证数据库、成果表和管线图间唯一的对应关系。

8.3 数据库文件建立

《规程》规定，地下管线竣工测量数据的分类和代码应符合现行《城市地下管线探测技术规程》CJJ 61 的规定。具体到各城市，一般均在国家标准的基础上细化形成本地的地下管线数据标准，因此地下管线竣工测量数据要符合当地地下管线数据规定、满足本地数据库更新的要求。

根据现行《城市地下管线探测技术规程》CJJ 61，城市地下管线的分类按管线大类和小类分别表示，管线代号采用管线类别汉语中文拼音首字母表示，管线大类代码应采用 1 位数字表示，管线小类代码应采用 2 位数字表示。管线点采用 8 位两段组合结构进行编号；第 1 位、第 2 位为管线小类代号，第 3 位至第 8 位为标识管线点的顺序号，用 6 位数字表示。管线段可采用该段管线的起止管线点编号组合表示，第 1 位至第 8 位为起始管线点的编号，第 9 位为"—"，第 10 位至第 17 位为终止管线点的编号。管线面可采用 6 位"字母＋数字"进行编号表示，其中，第 1 位、第 2 位为管线小类代号，第 3 位至第 6 位为标识管线面的顺序号，用 4 位数字表示。管线要素应在管线分类基础上，按照功能或用途进行分类。管线要素分类编码由管线的基础地理信息要素代码、管线分类代码和管线要素代码组成，用 8 位数字表示，第 1 位是国家基础地理信息要素分类中的管线代码，1 位数字，为"5"，第 2 位是管线大类码，1 位数字，用于表示管线类别，第 3 位、第 4 位是管线小类码，2 位数字，用于表示管线小类，第 5 位是要素类型码，1 位数字，区分不同的管线要素类型，第 6 位是管线点类型码，1 位数字，区分不同的管点，第 7 位、第 8 位是自然顺序码，2 位数字。具体可参考现行《城市地下管线探测技术规程》CJJ 61 相关条文和附录的规定。

地下管线核验测量与竣工测量可分别形成两个专题数据文件，分别提交规划管理部门和地下管线数据库管理部门，满足不同的需要。如用一个数据文件，则要按规划核实数据、竣工测量数据，以管线点、线、面、辅助点、辅助线和注记区分不同数据类型，划分和命名数据图层。数据处理根据需要分别确定相应的字段数量、字段名称、字段类型、字段长度、小数位数、完整性约束、阈值。每种数据类型中的字段名称或其语义不得重复。表示坐标、高程、埋深、角度的字段类型应采用数值型，表示时间的字段类型应采用文本型或日期型，其他字段的字段类型应采用字符型。字段长度、小数位数、完整性约束、阈值应满足可完整描述内容的需要。非空字段应全部填写，可空字段可选择填写。

数据处理形成的管线数据文件应经过拓扑检查和属性检查，管线属性信息应与地下管线竣工测量原始记录相一致。

9 质量检查与成果提交

9.1 质量检查与监理制度

9.1.1 质量检查验收

地下管线核验测量与竣工测量检查验收实行"两级检查、一级验收"制度，测绘生产单位对成果质量实行过程检查和最终检查：过程检查是在作业员自查、互查基础上由生产单位作业部门（如分院、中队、室、所）进行的全面检查；最终检查是在过程检查的基础上，由生产单位质检部门（如质检科、技术质量部）进行的最终检查，不能相互代替。成果验收是评估测量成果是否达到预期目标的手段，因此，需要在测量工作结束后对地下管线核验测量和竣工测量成果进行验收。验收可由任务委托单位或地下管线数据库管理机构组织实施。考虑覆土前跟踪测量各项目工作量不同、提交成果的时间不同，成果验收可分期分批组织实施。各级检查、验收工作必须独立进行，不得省略或代替。

9.1.2 项目监理

由于地下管线覆土前跟踪测量的特殊性，地下管线竣工测量是在覆土前测量，如果在覆土后进行质量检查，由于管线的隐蔽性和探测技术的限制，探测精度大为降低，这样以低精度检测高精度，不能很好地评价覆土前竣工测量成果的质量。因此，有必要实行监理或第三方质量跟踪检核，实时跟踪监督检查作业人员竣工测绘过程，实时进行精度检测，这样有利于保障在管线覆土前测量，提高测量质量。参照城市地下管线探测普查工作模式，《规程》规定地下管线核验测量与竣工测量可实行监理制，监理的主要工作，一是实时跟踪，对地下管线施工覆土前测量行为进行监督；二是对提交的测量成果质量进行第三方检测；三是对入库数据质量和档案资料质量进行检查；四是对安全生产、项目进度等进行监督。为保证监理工程质量，依据国家《测绘资质管理办法》（2021年版），监理单位应具有测绘行政主管部门颁发的工程测量监理资质，且乙级监理资质的单位不能监理甲级测绘资质单位。

9.2 质量检查内容与方法

地下管线核验测量与竣工测量成果质量检查内容和方法执行现行《测绘成果质量检查与验收》GB/T 24356和《管线测量成果质量检验技术规程》CH/T 1033。

9.2.1 质量检查内容

地下管线核验测量与竣工测量成果检查的主要内容如下：

（1）平面与高程控制点的布设、观测以及精度；

（2）管线点的数学精度：坐标精度、高程精度、埋深精度；

（3）管线图的地理精度，各要素取舍处理正确性；

（4）管线的属性质量：管线及管线附属物属性正确性与完整性；

（5）与周边原管线接边质量；

（6）地下管线规划批准要素（坐标、高程、间距）测量质量；

（7）数据质量：管线要素分类与代码的正确性、空间数据与属性数据的一致性、空间实体点线面类型定义、多边形面域闭合精度、实体与属性相互匹配、悬挂点和伪节点、文件命名格式的正确性、接边精度、元数据等；

（8）整饰质量：符号、注记、线划质量和图廓外整饰质量；

（9）资料质量：数据、图、成果表、电子文件数据的一致性、技术报告与技术总结的正确性、上交资料的完整性等。

9.2.2 质量检查方法

质量检查采取概查与详查相结合的方式进行，概查是指对影响成果质量的主要项目和带倾向性的问题进行的一般性检查，一般只记录 A 类和 B 类错漏和普遍问题。项目技术设计书、技术总结、质检报告及检查记录、仪器鉴定证书等项目资料按 100％检查。过程检查采用全数检查，最终检查一般采用全数检查，涉及野外检查项按表 9-1 抽样检查。

样本抽样表　　　　　　　　　表 9-1

批量	样本量
1～20	3
21～40	5
41～60	7
61～80	9
81～100	10
101～120	11
121～140	12
141～160	13
161～180	14
181～200	15
≥201	分批次抽样

注：当样本量大于或等于批量时，应全数检查。

9.3 质量检查需注意的问题

考虑地下管线核验测量与竣工测量的特点，质检时应考虑以下情况：

（1）高精度或同精度检测，需要根据管线竣工测量的方法和竣工测绘成果质检的时序确定。如果地下管线成果是管线施工覆土前测绘的，覆土前进行精度检测，一般采用解析法，为同精度检测；覆土后进行精度检测，对明显管线点采用解析法，可视为同精度检测，对于隐蔽管线点采用铅探或开挖的方法也可视为同精度检测。对于隐蔽管线点先探查再测量，这样检测精度低于管线测量精度，需要根据情况具体分析，出现检测较差超限的需要进一步确认。

如果地下管线成果是管线施工覆土后物探再测绘的，采用铅探或开挖的方法进行检测可视为高精度检测，采用物探测量的检测方法可视为同精度检测。

（2）数学精度检测的样本抽样。大范围地下管线竣工测量成果按图幅进行抽样检查。对于零星破覆施工的地下管线或小型的单一类型地下管线竣工测绘，有的项目竣工管线只有几米或几十米，有的项目竣工管线有几公里或几十公里，项目较小时可采用按点数抽样，项目较大时可采用按图幅数抽样，无论项目大小，每个项目的竣工测量成果都应进行抽样检查。

（3）检查项与权值。现行《测绘成果质量检查与验收》GB/T 24356 和《管线测量成果质量检验技术规程》CH/T 1033 针对的是常规地下管线测量成果质检，现行《测绘成果质量检查与验收》GB/T 24356 中地下管线测绘成果的质量元素为"控制测量精度、管线图质量、附件质量"，其权重分别为"0.4、0.4、0.2"，控制测量的权重偏大，当前卫星定位和全站仪技术已广泛应用于控制测量中，控制测量精度较高，一般均能满足。由此权重计算出的最终质量评分往往不能反映管线竣工测绘成果的真实质量。此外，近年来用户对管线成果使用情况及一些城市所发生的管线事故也说明，管线的错漏对城市规划、施工管理造成的不良影响和经济损失，其危害程度远远大于探测精度不高的管线，甚至导致人员事故。而地下管线核验测量与竣工测量成果有其特点（如对规划审批条件值的测量要求较高），各城市对核验测量与竣工测量成果也有一些具体要求，因此在实际质检中，可依据国家标准制定本地的质检细则，对地下管线核验测量与竣工测量成果质量元素及其权值做适当调整，同时对错漏分类和扣分标准进行适当调整，如降低控制测量精度的权重比，提高"管线图表质量、接边质量"的权重，这样使得计算出来的质量得分更科学、合理地反映成果质量。

（4）质量判定。为保障地下管线竣工测绘质量，项目要求在地下管线施工覆土前测绘，而测绘单位未按规定在覆土前测绘，而是在覆土后补测的测量结果不符合规定的要求，可直接判定成果不合格。质检时可根据测量手簿、测绘日期、技术总结、道路工程竣工及现场测量照片等资料判断地下管线核验测量与竣工测量成果是否是在覆土前测量的。

对小型地下管线核验测量与竣工测量项目，如地下管线连接破覆施工的地下管线，长度只有几十米、几个或数十个管线点，如出现粗差，则不受"5%"的限制，视错漏严重程度可判定为不合格。

9.4 成果提交与归档

同一个项目的规划核验测量成果与竣工测量成果应合并整理为一个档案资料。归档文件必须完整、齐全、真实地记录地下管线核验测量与竣工测量的各项记录，反映竣工测绘过程，具有可追溯性。归档应不少于两套，一套由测绘单位保管，另一套由地下管线数据库管理机构或地下管线档案管理机构保管。

附录 A 规划核验成果样图（表）

测绘项目技术说明书 表 A-1

项目名称	×××路综合提升改造（一期）工程	项目编号	×××××××
委托单位	××××××	作业部门	×××××

作业依据（以最新版为准）:

《城市测量规范》CJJ/T 8

《工程测量标准》GB 50026

《卫星定位城市测量技术标准》CJJ/T 73

《地下管线测绘规范》DGJ 08-1985

《测绘成果质量检查与验收》GB/T 24356

作业内容: 雨污水管线工程规划竣工测量。

作业方法: 采用 RTK 布控，全站仪实测采点，水准仪标高测量，窨井探测杆进行窨井摸测，Auto CAD 软件进行数字地形编辑作业。

作业范围: 本测绘项目位于×××路（×××路～×××路），涉及的图幅有_____。

质量控制要求:

■**基本要求:** 合格；创优目标：□一次通过验收， □优， □良

采用坐标系统、仪器设备、软件:

采用××平面坐标系统、××高程系施测，主要作业工具有：Trimble5700GPS 接收机，GPT-3105N 全站仪、SOKKIA C32 水准仪、专用窨井探杆等仪器设备进行外业生产作业，以及 Auto CAD、Trimble Geomatics Office、Trimble survey controller 软件。

项目负责人：_____ 设计者：_____ 审核者：_____

日　期：_____ 日　期：_____

质量检查结论:

本项目按照测绘产品检查验收的规定进行了____检查。符合_____作业依据和质量控制要求，成果质量评定为_____。

最终检查者：_____ 日期：_____

技术小结:

本工程测量项目系按甲方委托要求，采用××平面坐标系统、××高程系，各项成果成图资料符合_____要求，资料_____，手续_____，可作为_____成果提供给顾客。

撰写者：_____ 审核者：_____

日　期：_____ 日　期：_____

管线规划核验测量成果汇总表 表 A-2

项目编号：_____ 共 1 页 第 1 页

建设单位	×××××××				
建设地点	×××路（××路～××路）				
工程规划许可证编号	建（2020）00000000000000				
工程项目名称	×××路综合提升改造（一期）工程				
管线种类	管线材质	主管管径（mm）	主管孔数	电缆条数	长度（m）	备注
雨水	混凝土	800			84.5	不含支管长度
合计						
备注：					84.5	

计算者：　　　　　日期：　　　　　　检查者：　　　　　　　　　　日期：
　　　　　　　　　　　　　　　　　　复查者：　　　　　　　　　　日期：

管线规划核验测量要素成果表　　　　　　　　　　表 A-3

项目编号：＿＿＿＿＿＿＿＿＿　　　　　　　　　　　　　共 1 页　第 1 页

规划要素	规划批准值 （m）	实测值 （m）	较差 （m）	位置说明	备注
管线长度	约 85	84.5	0.5		
管径	0.80	0.80	0		雨水管线
管线埋深	2.03～2.62	2.05～2.55	0.02～0.07		雨水管线

计算者：　　　　　　日期：　　　　　　检查者：　　　　　　日期：

　　　　　　　　　　　　　　　　　　复查者：　　　　　　日期：

雨污水管线工程规划核验测量对比成果表（一）　　　表 A-4

项目编号：＿＿＿＿＿＿＿＿　　　　　　　　　　　　　　　　共 1 页　第 1 页

窨井编号		方向	规划批准值		实测值		规划批准值－实测值		备注
设计	实测		管径 （m）	管底高程 （m）	管径 （m）	管底高程 （m）	管径 （m）	管底高程 （m）	
Y1	Y1	东北	0.8	1.79	0.8	1.78	0	−0.01	
		东南							
		西南							
		西北							
Y2	Y2	东北	0.8	1.75	0.8	1.72	0	−0.03	
		东南							
		西南	0.8	1.75	0.8	1.72	0	−0.03	
		西北							
Y3	Y3	东北	0.8	1.71	0.8	1.72	0	0.01	
		东南	0.6		0.6				支管
		西南	0.8	1.01					老管
		西北	0.6	1.51	0.6				支管

计算者：　　　　　　　日期：　　　　　　　检查者：　　　　　　　日期：

复查者：　　　　　　　日期：

雨污水管线工程规划核验测量成果对比表（二） 表 A-5

项目编号：＿＿＿＿＿＿＿＿＿ 共 1 页 第 1 页

建筑物四至编号	实测值（m）	规划批准值（m）	较差（m）	备注
（1）	6.46	6.50	－0.03	
（2）	6.47	6.50	－0.04	
（3）	40.6	40.5	0.1	
（4）	43.9	44.0	－0.1	
				规划尺寸来源于委托方提供的图号为 S00P01 雨污水管道设计图
备注：较差＝实测值－规划批准值				

计算者：　　　　　　日期：　　　　　　检查者：　　　　　　日期：

复查者：　　　　　　日期：

雨污水管线工程规划核验测量成果对比表（三） 表 A-6

项目编号：＿＿＿＿＿＿＿＿＿＿＿

点号	规划批准值 X （m）	规划批准值 Y （m）	实测值 X （m）	实测值 Y （m）	ΔX （m）	ΔY （m）	ΔS （m）	备注
Y1	1604.444	11942.309	1604.469	11942.311	0.025	0.002	0.025	规划核验
Y2	1625.086	11976.889	1625.073	11976.862	−0.013	−0.027	0.030	
Y3	1647.397	12014.628	1647.368	12014.597	−0.029	−0.031	0.042	

抄录者： 日期： 检查者： 日期：

复查者： 日期：

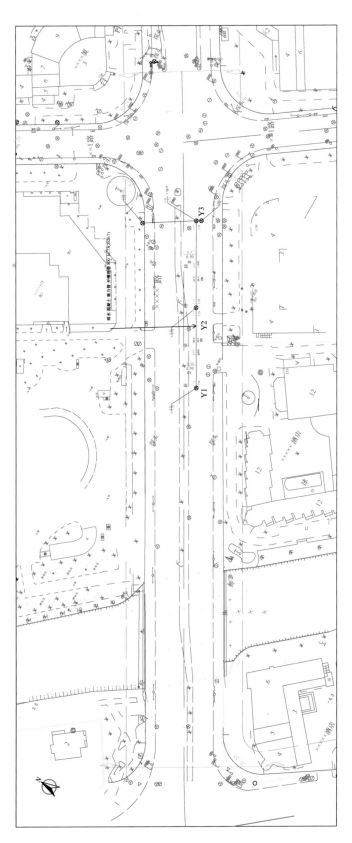

图 A-1 管线规划核验测量成果图

附录 B　直埋管管线竣工测量成果图（表）

覆土前测量记录表

表 B-1

序号	点号	X（m）	Y（m）	Z（m）	B	L	H（m）	天线高	观测历元数	RTK固定解	时间
1	JS0187	2845.342	9756.445	××.565	×××:××:03.43904	×××:25:15.81033	××.1122	2.046	5	RTK固定解	××××/7/5
2	JS0239	2871.807	9931.916	××.629	×××:××:04.27611	×××:25:22.49327	××.1828	2.046	5	RTK固定解	××××/8/23
3	JS0305	2796.830	9702.559	××.078	×××:××:01.87086	×××:25:13.75210	××.6233	2.046	5	RTK固定解	××××/10/12
4	JS0258	2850.304	9931.691	××.495	×××:××:00.57804	×××:25:22.48151	××.0488	2.046	5	RTK固定解	××××/10/12
5	JS0313	2850.058	9978.771	××.519	×××:××:03.56410	×××:25:24.27350	××.0746	2.046	5	RTK固定解	××××/10/16
6	JS0192	2796.296	9760.137	××.987	×××:××:01.84628	×××:25:15.94362	××.5345	2.046	5	RTK固定解	××××/10/17

覆土前属性调查记录表

表 B-2

序号	管线点号	连接点号	管径或断面尺寸(mm)	材质	压力或电压(kV)	权属单位	调查日期	所在道路	备注
1	JS0187	JS0188	300	铸铁		供水集团	××××/7/5	学林路	覆土前
2	JS0239	JS0240	100	铸铁		供水集团	××××/8/23	学林路	覆土前
3	JS0305	JS0178	300	铸铁		供水集团	××××/10/12	学林路	覆土前
4	JS0258	JS0235	300	铸铁		供水集团	××××/10/12	学林路	覆土前
5	JS0313	JS0315	600	铸铁		供水集团	××××/10/16	学林路	覆土前
6	JS0192	JS0194	100	铸铁		供水集团	××××/10/17	学林路	覆土前

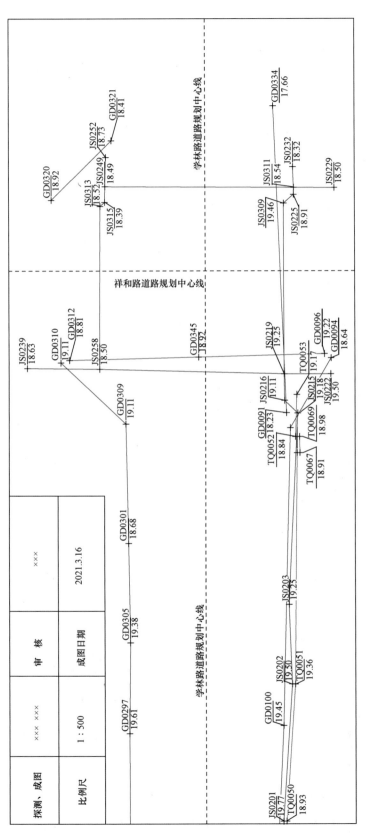

图 B-1　覆土前学林路管线测量示意图

覆土后埋设深度表

表 B-3

序号	点号	X (m)	Y (m)	覆土前测量高程 (m)	覆土后测量高程 (m)	埋设深度 (m)	RTK 固定解	时间
1	JS0187	2845.349	9756.439	××.565	××.495	0.93	RTK 固定解	××××/1/5
2	JS0239	2871.807	9931.923	××.629	××.399	1.77	RTK 固定解	××××/1/5
3	JS0305	2796.820	9702.532	××.078	××.028	1.95	RTK 固定解	××××/1/5
4	JS0258	2850.309	9931.715	××.495	××.295	1.80	RTK 固定解	××××/1/5
5	JS0313	2850.061	9978.769	××.519	××.219	1.70	RTK 固定解	××××/1/5
6	JS0192	2796.294	9760.155	××.987	××.637	1.65	RTK 固定解	××××/1/5

表 B-4

覆土后地下管线竣工测量成果表

管线种类：燃气、供水、供电

管线点号	连接点号	图幅号	特征点	附属物名称	平面坐标(m)		管顶/底高程(m)		管径或断面尺寸(mm)	材质	压力或电压(kV)	电缆根数	管孔数/未用孔数	埋设方式	埋设日期	覆土前/覆土后
					X坐标(m)	Y坐标(m)	地面高程(m)	管线高程(m)								
GD33210127012 5	GD33210127012 1	1-9-14-1-3	井边点		2799.444	9500.073	××.657	××.507				0		电力边框	××××/8/15	覆土前
GD33210127012 5	GD33210127027 7	1-9-14-1-3	井边点		2799.444	9500.073	××.657	××.507	1000×800			0	20/0	套管	××××/8/15	覆土前
GD33210127012 4	GD33210127012 1	1-9-14-1-3	井边点		2797.144	9500.164	××.732	××.582				0		电力边框	××××/8/15	覆土前
GD33210127012 4	GD33210127012 6	1-9-14-1-3	井边点		2797.144	9500.164	××.732	××.582	1000×800			0	20/0	套管	××××/8/15	覆土前
GD33210127027 6	GD33210127027 5	1-9-14-1-3		人孔	2841.689	9500.809	××.580	××.530				0		电力边框	××××/8/15	覆土前
GD33210127027 6	GD33210127027 9	1-9-14-1-3		人孔	2841.689	9500.809	××.580	××.530				0		电力边框	××××/8/15	覆土前

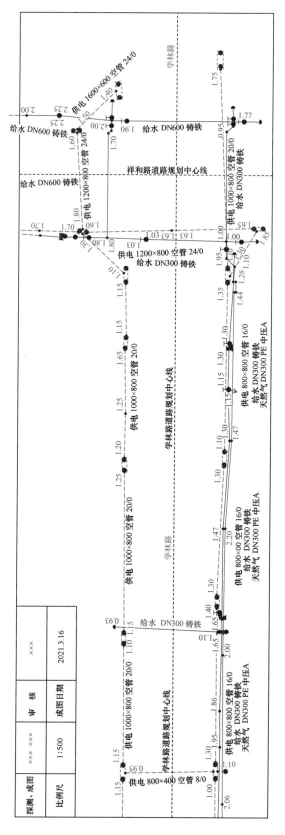

图 B-2 覆土后学林路管线竣工测量成果示意图
（燃气、供水和供电管线）

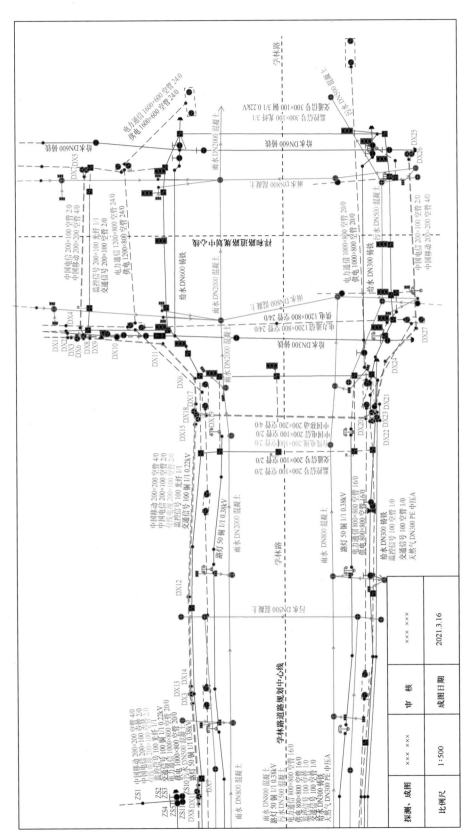

图 B-3　覆土后学林路管线测量成果图
（综合管线）

附录 C 综合管廊测量成果图样例

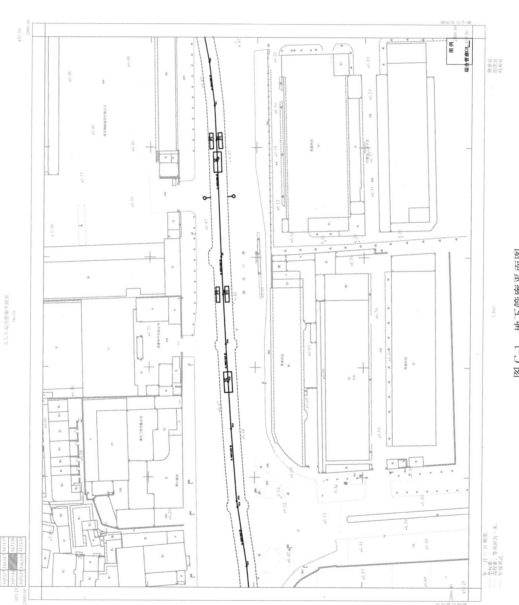

图 C-1 地下管廊平面图

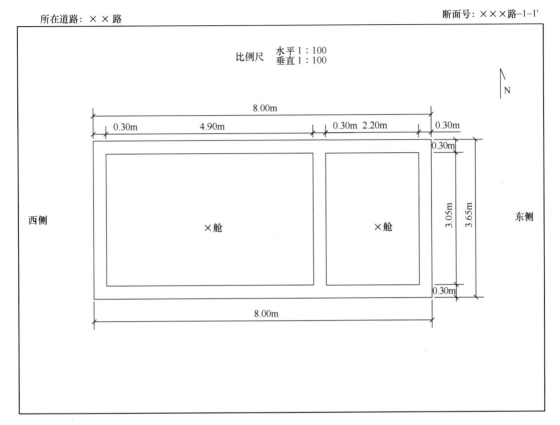

图 C-2　地下管廊横断面图

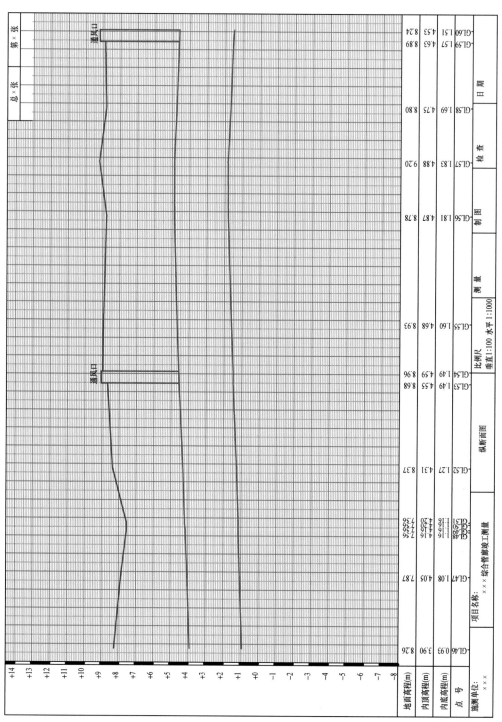

图 C-3 地下管廊纵断面图